收藏赏玩指南

贾振明 / 编著

新世界出版社
NEW WORLD PRESS

图书在版编目（CIP）数据

和田玉 / 贾振明编著 . -- 北京：新世界出版社，
2016.6
（收藏赏玩指南系列）
ISBN 978-7-5104-5695-4

Ⅰ . ①和… Ⅱ . ①贾… Ⅲ . ①玉石—收藏—和田县—
指南②玉石—鉴赏—和田县—指南 Ⅳ . ① G894-62
② TS933.21-62

中国版本图书馆 CIP 数据核字 (2016) 第 100922 号

和田玉

作　　者：贾振明
责任编辑：张杰楠
责任校对：姜菡筱　宣　慧
责任印制：李一鸣　王丙杰
出版发行：新世界出版社
社　　址：北京西城区百万庄大街 24 号（100037）
发 行 部：（010）6899 5968　　（010）6899 8705（传真）
总 编 室：（010）6899 5424　　（010）6832 6679（传真）
http://www.nwp.cn
http://www.nwp.com.cn
版 权 部：+8610 6899 6306
版权部电子信箱：nwpcd@sina.com
印　　刷：山东海蓝印刷有限公司
经　　销：新华书店
开　　本：710×1000　1/16
字　　数：200 千字
印　　张：12
版　　次：2016 年 6 月第 1 版 2016 年 6 月第 1 次印刷
书　　号：ISBN 978-7-5104-5695-4
定　　价：68.00 元

P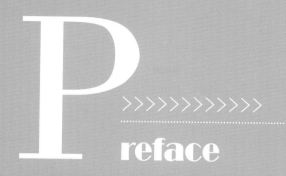reface

前 言

和田玉在我国至少有几千年的悠久使用史，是我国玉文化的主体，是中华民族文化宝库中的珍贵遗产和艺术瑰宝，具有极深厚的文化底蕴。新疆和田是和田玉原料的主要产地，也是和田玉文化的发源地，新疆和田玉在全国玉石领域之中具有举足轻重的影响力。和田玉的历史文化和特性就决定了其价格会一路攀升，因此也吸引很多人投身于和田玉的收藏之中。

人们常说："乱世藏金，盛世藏玉。"现在社会发展稳定，人们的生活水平得到了很大的提高，玉器市场也火爆起来。可以说现在我国玉器制作与收藏的兴盛程度是任何一个时期都无法比拟的。

和田玉文化中隐含着中华文化几千年来积淀的中庸思想，不锋利亦不钝重。人们的生活水平提高了，不再满足于衣食住行的浅层需要，越来越多的风雅名士开始推崇和田玉、佩戴和田玉饰，和田玉成为了绝对的时尚宠儿。

和田玉被越来越多的有识之士看作身份地位和格调趣味的象征，不仅会自己佩戴，还会将其作为高档礼品赠送给亲朋好友。

P reface

前言

　　本书内容丰富，知识点全面，不仅讲述了和田玉的历史文化、产地分布，还对和田玉的品种分类、真伪辨识和收藏保养的方法等做了详细介绍。书中配有众多精美实物图片，以图文并茂的形式为玉石研究者、爱好者、收藏者展现一个瑰丽斑斓的玉石世界。

　　由于编者水平有限，难免有疏漏之处，敬请广大读者批评指正。

CONTENTS 目录

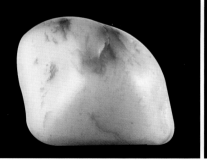
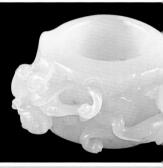

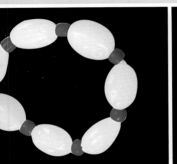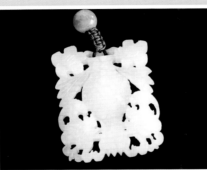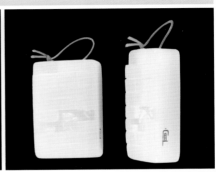

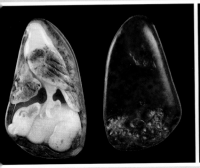

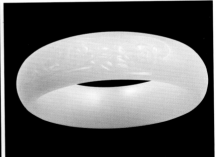

第六章　收藏有道
——和田玉的收藏与保养 / 149

和田玉

第一章

天下美玉出和田
——和田玉的产地与分类

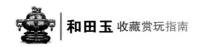

和田玉的产地

　　早在新石器时代，新疆昆仑山附近的人们就已经发现了和田玉，并将其制作成为生产工具或装饰物。而最先认识到和田玉之美的，应该是生活在昆仑山北坡山麓河流地带的古羌人。可以说和田玉的开发已经有几千年的历史，随着现代机械化开采技术的普及，和田玉的开采量也在不断攀升，现在的月开采量是前人百年开采量的总和。但是因为开采过度，上等的和田玉已经越来越少。根据清代之前的资料，我们很难确定古代人开采和田玉的具体地点。

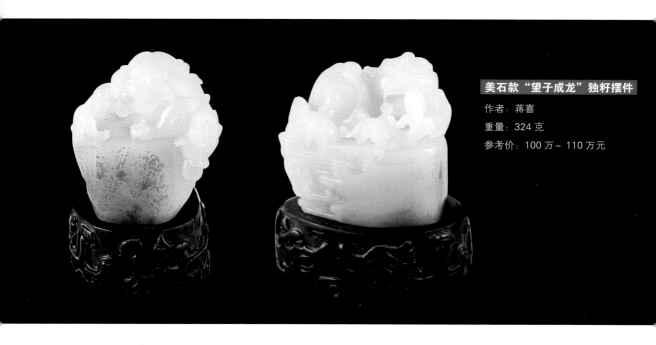

美石款"望子成龙"独籽摆件

作者：蒋喜

重量：324 克

参考价：100 万 ~ 110 万元

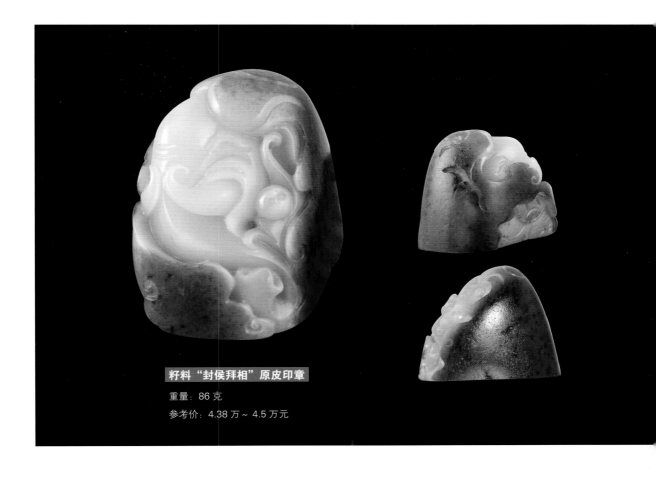

籽料"封侯拜相"原皮印章

重量：86克

参考价：4.38 万 ~ 4.5 万元

　　清代之后，关于和田玉的开采有了详细记载，主要矿区有新疆和田地区叶城县密尔岱玉矿、和田县阿拉玛斯玉矿、且末县塔特勒克苏玉矿、且末县塔什赛因玉矿、塔什库尔干县大同玉矿、皮山县康西瓦玉矿等，在这些矿区中，甚至到现在都还能看见古人采玉留下的遗迹。古代比较有名的"杨家坑"和"戚家坑"分别在海拔 4500 米和 4800 米处，全部位于和田县昆仑山区阿羌乡阿拉玛斯地区，但这两个矿区的山玉开采量每年不过几千公斤，而杨家坑甚至从清朝至今已冰封多年，无从寻觅。古代的和田玉器多取自河中的籽玉，籽玉是最早也是最优良的玉器原料。值得一提的是，籽玉和原生矿的山玉区别很大，而和田玉的原生矿也是人们采集籽玉时发现的。

籽玉大龙牌

重量：115 克

参考价：18 万 ~ 19 万元

　　现在人们多以开采原生矿的山玉为主，主要矿区集中在巴音郭楞蒙古自治州的且末县、和田地区的于田、皮山两县和喀什地区的叶城县四个地段。在茫茫的昆仑山上，和田玉的成矿地带长 1300 多千米，一些原生矿床和矿点分布在雪山之巅，甚至很多河流中还出产籽玉。随着现代科技的高速发展，新的矿床不断被发现，一些废弃的矿床也恢复了开采。现在和田玉的成矿前景十分乐观，但是隐伏的和田玉矿体仍是个未知量。从古至今，从和田市的玉龙喀什河中捞出的美玉不计其数，而且大都世间罕见，极其珍贵，可是原生矿时至今日都没有被找到。玉龙喀什河中的白玉究竟产自哪里，还需要地质工作者继续勘测。

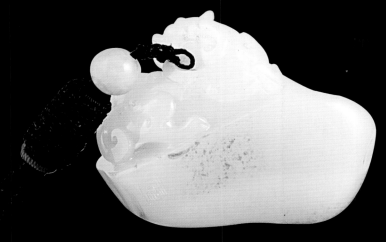

美石款貔貅独籽把件

作者：蒋喜

重量：95 克

参考价：19.8 万 ~ 20.5 万元

原皮色"喜上眉梢"扳指

重量：84 克

参考价：5.8 万 ~ 6.5 万元

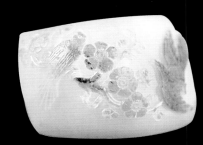

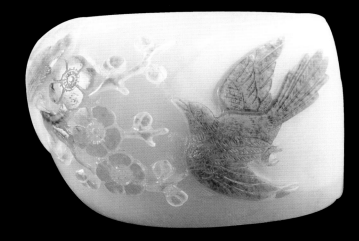

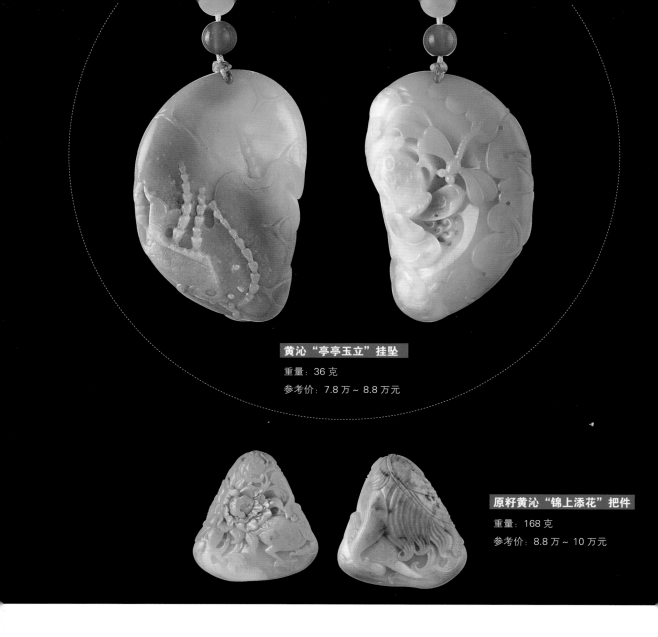

黄沁"亭亭玉立"挂坠

重量：36 克

参考价：7.8 万 ~ 8.8 万元

原籽黄沁"锦上添花"把件

重量：168 克

参考价：8.8 万 ~ 10 万元

　　那么，和田玉的资源到底有多少呢？据初步调查统计，原生矿的玉石产地有20 多处，再加上很多河流中的籽玉，总共是 21 万 ~ 28 万吨。其中，有三处产地的储存量之和大概可达 25 万吨。就目前的储量而言，以年产 250 吨，同采损失率50％计算，其资源还能再开采 50 年。另外专家还预测到，在昆仑山玉矿产成矿带的东西方向，大概每 50 ~ 150 千米内就会出现一段矿化显示，而每个矿化地段一般都有三四个矿体，这说明开发新矿区的前景并不悲观。

　　新疆玉的分布很广，从西部的塔什库尔干到东部的且末、若羌，沿昆仑山脉的北麓都曾有过玉矿点，绵延 800 千米。矿点多在四五千米高的雪线附近，也有个别的存在于约 3500 米处。当地的交通极其不便，所以开采山玉非常困难。

　　曾有人提议采取措施保护和田玉资源。的确，目前人们对和田玉肆无忌惮的滥采在某种程度上造成了严重的浪费，因此，要想让和田玉行业持续健康地发展，必须杜绝资源浪费，对开采行为进行规范。

和田玉名称的来历

　　和田玉在古代有多个名称，曾被以售玉人所在的部落命名为"禺氏之玉"，以出产地命名为昆山玉、钟山玉、于田玉，或统称为玉，以质地命名为真玉。清朝改于田为和田，乾隆年间，设置和田直隶府，从此于田让位于和田，于田玉便改为和田玉了。

和田玉的分类

按产状分类

新疆和田玉的分类有很多种，根据产状可以分为籽玉、山玉、山流水。从河水中采集到的为籽玉；从大山中挖掘到的为山玉；原生矿石经风化崩落，再由河水冲至河流中上游，棱角尚存的玉石为山流水。

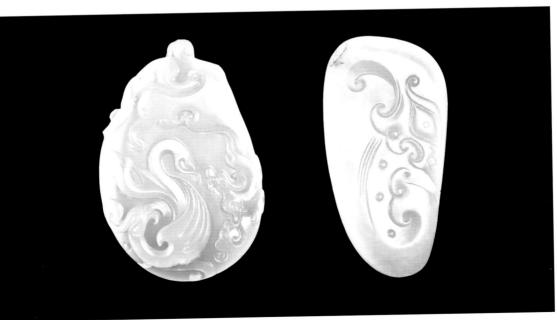

和田玉籽料龙凤佩　　　　　　　　和田玉籽料"守护"挂件

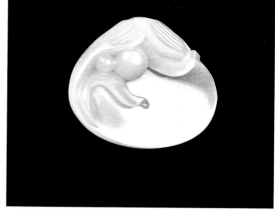

和田玉籽料"掌上明珠"把件

籽玉

籽玉又称籽料、子儿玉，指原生玉矿经过千万年的自然风化，再加上河水的冲刷、搬运而形成的玉石，它们分布于新旧河床及河流冲积扇和阶地中，玉石露于地表或埋于地下。

籽玉主要产于昆仑山水量较大的几条河流的中下游，如玉龙喀什河、喀拉喀什河、叶尔羌河和克里雅河，以及这些河流附近的古代河床、河床阶地中。河床中的籽玉多呈现鹅卵石状，表面光滑，无棱角，大小不一，形状各异。经过千万年风化剥蚀、水流冲击而形成的籽玉，总体来说块度较小，常呈不规则的卵形，其中最小的就跟杏仁一样。籽玉的质地比较好，光泽温润柔和，是和田玉中的上品，很多和田羊脂玉产自于籽玉中。据考古专家探究发现，从商代到元代，中国古代和田玉器的主要材料就是籽玉。自元代开始，山玉被大量开采，清代以后山玉的产量已经大大超过了籽玉。一般来说，纯白色的籽玉为上品，一些带灰色、带青色的籽玉质量要稍微差些。

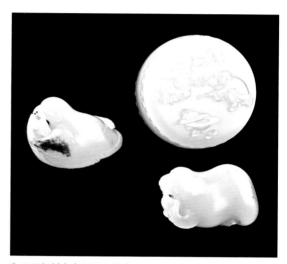

和田玉籽料文房用品三件套

和田玉籽料原石

有外皮的籽玉为璞玉。璞玉的外皮称皮色，指籽玉外表带有的一层很薄的黄褐色或其他色泽的皮，系氧化所致。皮色有色皮、糖皮、石皮之分。其中石皮指白玉的石质围岩外层，去掉嗣岩后才能得玉。行业中常以籽玉外皮的颜色来命名籽玉，如白皮者，称"白皮籽玉"；黑皮者，称"黑皮籽玉"；乌鸦色者，称"乌鸦皮籽玉"；似鹿皮色者，称"鹿皮籽玉"；桂花色者，称"桂花皮籽玉"，还有红皮、黄皮和虎皮等籽玉。

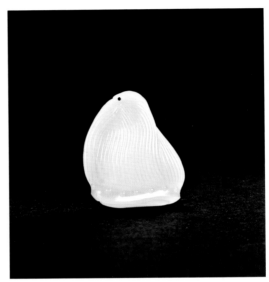

和田玉籽料"节节高升"吊坠

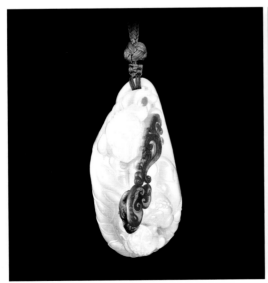

和田玉籽料"多子多福"把件

和田玉籽料"封侯挂印"章料

和田籽料原生皮色特征

1. 全包裹、微透明

了解了和田玉籽料的成因，就知道和田玉籽料呈浑圆状，外表有薄厚不一的皮壳，如枣红皮、秋梨皮等。浑圆状的籽料，皮色必然是全包裹的，经过巧雕、人工开门子和分割成小块的除外。优质的籽料皮色呈微透明状，"有油脂光泽"，手捂或手握一两分钟，即可见其"出汗"。

2. 颜色自然

籽料在河床中经千万年的冲刷磨砺，自然受沁，籽玉质地松软的位置会沁上色，颜色从有裂子的地方渗入肌理。皮上的颜色由深至浅，裂隙上的颜色则由浅至深。这种皮色是很自然的，很喜人，抢眼而不碍眼，并且，色泽随岁月增进愈显亲和力。

3. 皮色有层次感，皮肉呈渐变过渡状

由于籽料的颜色是在原砾石表面慢慢形成的，是风化和水的解析作用以及大小气候循环制约等因素共同导致的，是分阶段的，所以沁入玉内的颜色有层次感，皮和肉完美融合。

4. 皮色内似有一层不同颜色的毛毡

这类籽料多为石皮籽料。由于受到形成璞玉的特殊围岩条件以及透闪石矿物的纤维交织结构的影响，这类籽料尽管已被风化磨砺为浑圆状，但是其表面会存在无数细细密密的"小砂眼"，呈毛毡状，在10倍放大镜下可以看出。

5. 无皮色的籽料

无皮色的籽料多属于山流水料，肉色即是皮色，皮色即是肉色，有的也会呈现深浅不同的绿色，所以，也有人按颜色对和田玉进行分类。不过无论是白玉、黄玉或墨绿色玉，其表面多少会有层包浆或沁色。

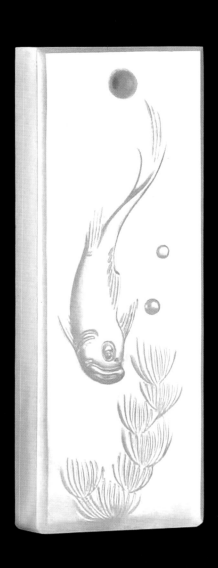
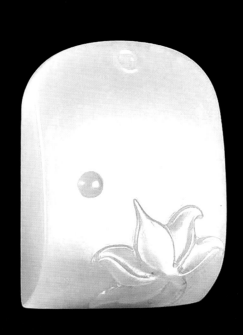

和田玉籽料"年年有余"对佩

山玉

和田山玉又称山料、渣籽玉，古代称宝盖玉或者宝玉，特指产于山上的原生玉矿。山玉跟籽玉是有区别的，山玉块度大小不一，成棱角状，表面粗糙，断口参差不齐。山玉玉石的内部质量很难把握，其质地通常不如籽玉。和田玉山玉分不同的品种，如白玉山玉、糖白玉山玉、青白玉山玉等。

业内人士习惯以矿坑名来对山玉进行分类，如戚家坑山玉、杨家坑山玉。

戚家坑在新疆且末县，于清末民初时由天津人戚春甫、戚光涛兄弟所开。此矿产出的玉料色白而质润，虽也有色但稍青，在制作过程中又会逐渐返白，质地很润，是有名的料种。

杨家坑同在新疆且末县，所产玉料带有栗子皮色的外衣，内部色白质润，是一种好的料种。

和田山料

和田山料镂空小笔筒

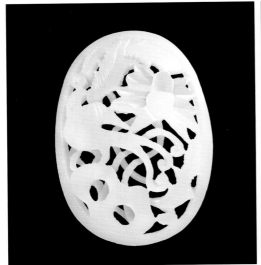

和田山料"凤凰牡丹"牌

和田山料关公牌

新疆且末县山上所产的玉料分白口、青口、黄口三种，质坚性匀，常有盐粒闪现。青口料制作薄胎玉件时，可返青为白色。

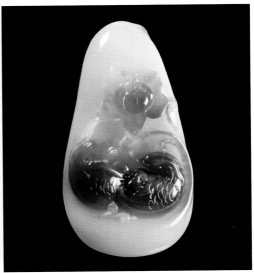

和田山料手串

和田山料"鸳鸯戏水"吊坠

山流水

　　"山流水"是当地百姓根据采玉和琢玉的艺人命名的,这是一个很文雅的名称,指原生玉矿石经过长期风化崩落和自然剥蚀,以及河水、冰川的冲击搬运,迁移到河流的中上游河床。因此,山流水玉的特点是玉石棱角稍被磨圆,块度较大,表面较光滑,常带有水波纹,质地较为细腻紧密,介于籽玉和山玉之间。山流水的自然加工程度有限,尚未完全变成籽玉。因为长期受到风沙和水流的冲击和剥蚀,山流水表面虽凹凸不平却油亮光润。玉石的表面还有大小不一的沙孔,颜色有白、青白、灰白、墨黑等。

和田山流水原料

和田山流水原料

按颜色分类

明代周履靖《夷门广牍》中说："于阗玉有五色，白玉其色如酥者最贵，冷色、油色及重花者皆次之；黄色如栗者为贵，谓之甘黄玉，焦黄色次之；碧玉其色青如蓝靛者为贵，或有细墨星者，色淡者次之；墨玉其色如漆，又谓之墨玉；赤玉如鸡冠，人间少见；绿玉系绿色，中有饭糁者尤佳；甘清玉色淡青而带黄；菜玉非青非绿如菜叶色最低。"这些色彩与中国古代五行学说中的青赤黄白黑相吻合，使得和田玉更显神秘与尊贵。玉料的颜色通常会影响它的品质，和田玉的颜色多种多样，绚丽多彩，但也并非毫无规律可言。

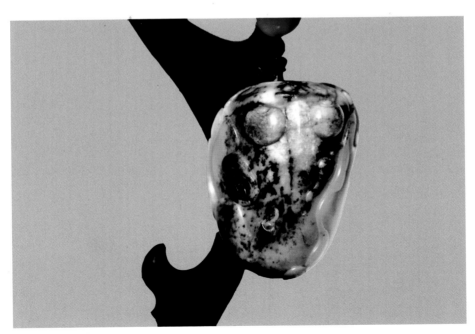

和田玉"金蟾送宝"吊坠

和田玉原石

　　认识和田玉，首先应该从颜色入手。和田玉的颜色分为原生色和次生色，原生色主要有白、青、黄、黑四种颜色，有些颜色是其中的过渡色，可以通过颜色将玉石划分为很多不同的种类。和田玉的颜色十分复杂，具有多样性，不同颜色的和田玉的特点也有所不同，颜色单一的和田玉往往更加诱人。例如白玉色如凝脂，黄玉色泽迷人，墨玉漆黑如墨。无论是哪一种颜色，上等和田玉的色泽必须纯正、浓厚。色纯则无瑕，色正则鲜亮，色浓则坚密。

　　和田玉的颜色变化堪称一绝，令人啧啧称奇。有的玉石发灰而显白，有的不青不白还泛着墨绿色，有的青红白蓝交相辉映。我们除了需要了解和田玉的颜色之外，还应该掌握和田玉的颜色划分标准。从工艺角度和欣赏角度上看，它分为脏和不脏。有的玉石上除了主体颜色还掺有杂色，这些杂色就被业内称为脏色。衡量和田玉脏和不脏的标准是和田玉的颜色好不好看，是否会对和田玉的品质造成影响。如果脏，在进行工艺雕琢的时候，就要想方设法将杂色剔除。如绿松石的本色是娇艳的蓝色，错落有致的黑色纹线会将其点缀得更加雅致。但如果黑线过多，对本色造成了影响，那么它的颜色就会被划入脏的范畴。出现在绿松石上的褐黄色更是典型的脏色。

白玉类

　　白玉是指颜色以白为主的玉，杂色小于 30%。白玉的颜色由白至青白，乃至灰白，以白色为最好，以其品相分为羊脂白、梨花白、象牙白、鱼肚白、鱼骨白、糙米白、鸡骨白等，其中羊脂白玉是玉中珍品。白玉中的杂色有糖色、秋梨色、虎皮色等。白玉质地细腻，手感温润，光泽柔和。以前的人们普遍认为玉越白越好，掺有杂色有损美玉的价值，因此在雕琢的时候通常会将杂质去掉。不过现在人们认为玉太白了反而显得死板，最重要是要润，温润脂白才是上等好玉。掺有杂色的白玉也逐渐被人们接受，甚至被赋予了独特的艺术价值。

和田白玉薄胎壶五件套

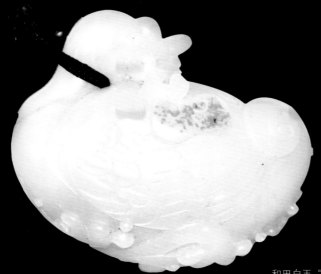

和田白玉"鹅如意"挂件

和田白玉"灵猴献寿"把件

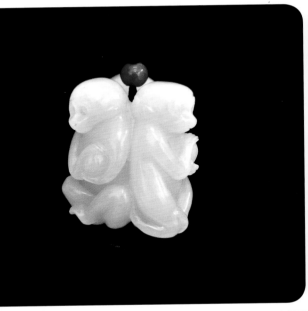

和田羊脂玉"三猴献寿"挂件　　　　　　　　和田羊脂玉原石

特级白玉——羊脂玉

　　白玉中的上品非羊脂玉莫属，羊脂玉给人一种刚中带柔的感觉，是软玉中的极品，晶莹剔透、洁白无瑕、温润坚密、白如凝脂。羊脂白玉的光晕可以微黄，但绝对不能发灰，发灰的白玉就不是羊脂白玉了。

羊脂玉自古以来一直深受人们的喜爱，在古代的时候，只有皇帝才有资格佩戴上等羊脂玉。很多的王公贵族、文人墨客都对羊脂玉趋之若鹜。羊脂白玉世间罕见，只有新疆出此品种，产出稀少，价格非常昂贵。目前很多上好的羊脂玉都被收藏家们所收藏，轻易不为人所观。

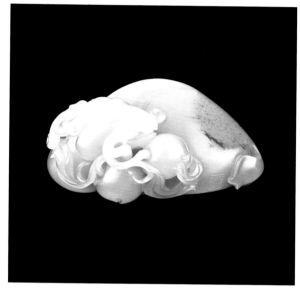

和田羊脂玉"禄寿"把件

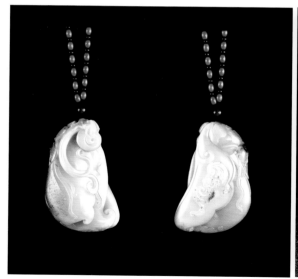

和田羊脂玉"三多"把件

和田羊脂玉"劝学"牌

一级白玉

一级白玉玉色洁白，质地温润细腻，呈半透明状，有油脂般的光泽。未经加工的一级白玉偶见杂质，成为工艺品的一级白玉基本上都无杂质、无碎绺，是和田玉中之上品。

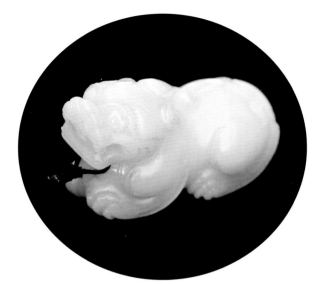

和田白玉貔貅把件

和田白玉"太平有象"把件

二级白玉

二级白玉呈白色，质地较细腻滋润，半透明状，偶见细微的绺、裂、杂质及其他缺陷，有油脂般的光泽。

三级白玉

三级白玉颜色白中泛灰、泛黄、泛青、泛绿，呈半透明状，有蜡状光泽，稍有石花、绺、裂、杂质等。

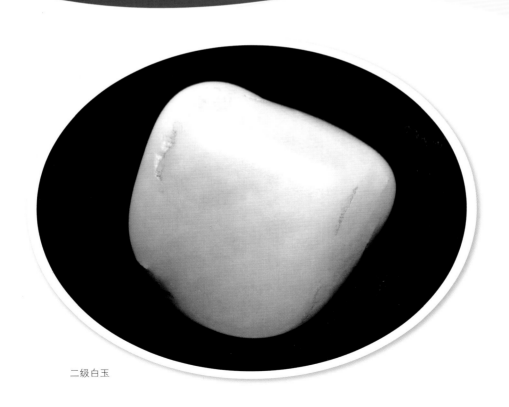

二级白玉

和田白玉与其他相似白玉的区别

1. 青海白玉。产于青海省格尔木市西南高原地带,以山料为主,产量巨大。青海白玉与和田白玉在物质组合、产状、结构上基本相同,只是比重和硬度稍逊于和田白玉。而且青海白玉的透明度较高,色嫩而不老成,带有黄灰色、烟灰色的浸染,存在较多的石花、絮状绵绺、斑点等,这是通过肉眼即可看出的。

2. 俄罗斯白玉。产于昆仑山脉延伸到俄罗斯境内的余脉之中,比重和硬度都逊于和田白玉,化学成分差异很大,颜色偏灰,光泽较弱,少柔滑感,显"嫩",不够滋润。

3. 京白玉。最早产于北京西山,属石英岩类玉石,比重为 2.65 ~ 3.0,硬度约为 7。因为是颗粒状集合体,所以性脆,断口呈粒状,质差者有砂性特点,微透明,有半油脂光泽。好的京白玉质地细腻,亮度如同晶石,抛光后洁白如同羊脂玉。

4. 水白玉。产于河南,南阳玉的一种,很透亮,有玻璃光泽,硬度为 6 ~ 6.5,手掂较轻,在重量上与和田玉有很大区别。

和田青白玉貔貅

古代和田青白玉饕餮纹发冠饰

明代和田青白玉鲤鱼童子纹笔洗

青白玉

青白玉是白玉和青玉的过渡品种，其质地跟白玉没有太大的区别，颜色以白色为主，隐隐闪现青色、绿色等，是和田玉中较为常见的一个品种，其经济价值稍逊色于白玉。

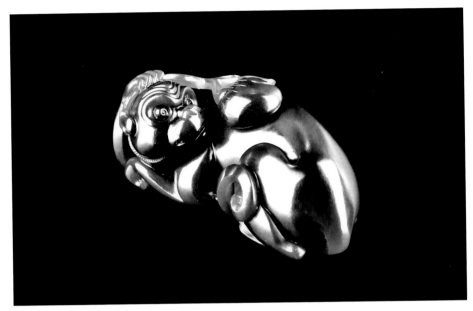

和田青玉"灵猴献寿"把件

一级青白玉

一级青白玉的颜色以白色为主,白中闪青、闪黄、闪绿等,质地柔和均匀,坚韧而细腻,呈半透明状,有油脂蜡状光泽,基本无绺、裂、杂质。

二级青白玉

二级青白玉以白、青为主,白中泛青,青中泛白,非青非白非灰之色,较柔和均匀,有油脂蜡状光泽,质地致密细腻,呈半透明状,偶见绺、裂、杂质、石花等其他缺陷。

三级青白玉

三级青白玉以青、绿为主,泛白、泛黄,颜色不均匀,较致密细腻,较滋润,蜡状油脂光泽,呈半透明状,常见绺、裂、杂质、石花及其他缺陷。

和田碧玉三足炉

碧玉

　　碧玉又称绿玉，是指呈青绿、暗绿、墨绿或黑绿色的软玉，矿物成分以一定量的阳起石和含铁较多的透闪石为主。即使是接近黑色的碧玉，其薄片在强光下仍呈现深绿色。有些碧玉与青玉相似，很难分辨。通常情况下，碧玉颜色偏深绿色，而青玉偏青灰色。色若菠菜绿的碧玉为上品，绿中带灰者为下品。上等的碧玉也是非常名贵的，不过还是无法与羊脂玉相媲美。碧玉在中国的玉文化中也占有比较重要的地位。

和田碧玉原籽

和田碧玉"招财龟"摆件

一级碧玉

一级碧玉的颜色以菠菜绿色为基础，色彩柔和均匀，质地致密细腻，滋润光洁，坚韧。有油脂蜡状光泽，呈半透明状，基本无绺、裂、杂质等。

二级碧玉

二级碧玉以绿色为基本色，绿中闪灰、闪黄、闪青，较柔和均匀，质地致密细腻，呈现蜡状光泽，半透明状，偶见绺、裂、杂质等。

三级碧玉

三级碧玉以绿色为基本色，泛灰、泛黄、泛青，不均匀，有蜡状光泽，呈半透明状，常见绺、裂、杂质等。

和田碧玉香山五老图笔筒

墨玉

墨玉是指呈现黑色、墨黑、淡黑到青黑色的软玉，其名有"乌云片""淡墨光""金貂须""美人鬓""纯漆黑"等。一般来说，墨玉的墨色都不是很均匀，既有沁染黑点状，又有云状和纯黑型。墨玉之所以呈黑色，主要是玉石中所含杂质所导致，其颜色一般有全墨、聚墨、点墨之分。全墨即古人所说的"墨如纯漆"，十分罕见，是上等的玉玺材料。聚墨指青玉或白玉中墨色较聚集。有些玉石的墨色不均，黑白对比强烈，对此玉工多巧雕使其成为俏色作品。

和田墨玉籽料

墨玉主要由呈柱状、粒状的透闪石组成，其间充填有石墨，致使玉石呈黑色。

和田墨玉双雄

和田墨玉的优劣辨别

评价墨玉的质量，需要根据三个重要原则：

1. 玉质。玉石的细腻程度是评价和田玉的首项原则。玉石越细腻，墨玉的质量越好。

2. 颜色。对于带颜色的宝石、玉石，色彩纯正与否是考量其质量的重要原则。对墨玉来说，纯正的黑色为最好，偏灰、偏绿都会影响墨玉的品质。

3. 颜色分布。全墨墨玉品质最佳。如能将玉石中的片墨作为巧色加以利用，也能为玉雕增色不少。点墨的利用难度较大，一般会在玉器加工过程被剔除。

黄玉

黄玉是指呈绿黄色、米黄色的软玉，带有绿色调，其名有蜜蜡黄、栗色黄、秋葵黄、黄花黄、鸡蛋黄、米色黄等。其中以蜜蜡黄和栗色黄者为上品。

黄玉的颜色越深则越珍贵，价值跟羊脂白玉不相上下，甚至在某些情况下，比羊脂白玉更为宝贵。和田黄玉自古以来就是十分罕见的品种，一直深受人们的重视和追捧。可能是因为黄玉中的"黄"字跟皇帝中的"皇"字谐音，黄玉在历史上始终处于非常高的地位。清朝以前的人们大都喜爱深色玉种，到了清朝之后，人们又开始对浅色玉种偏爱起来。无论如何，人们对黄玉的喜爱始终有增无减。中国古玉器中有许多用和田黄玉雕琢成的稀世珍品，如清代的黄玉三羊尊、异兽型瓶和佛手等。

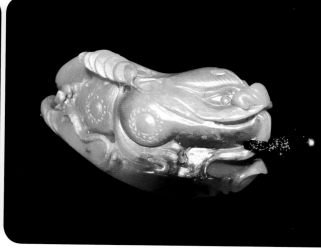

和田黄玉龙牌　　　　　　　　　　　和田黄玉貔貅吊坠

　　和田黄玉的光泽为很柔和的油脂光泽，我们可以根据黄玉的油脂光泽来评判黄玉的质地，通常油脂光泽越好，黄玉的质地就越好，反之就是劣质黄玉。和田黄玉柔润细腻，尽管它的表面看上去就像抹过油脂一样，但是用手触摸不会有油腻感。目前在市场上很难见到黄玉，它的产量很低，原矿采集也非常困难。正因为如此，和田黄玉一直都是收藏家们的首选，历史地位也要高于和田羊脂玉。

和田黄玉籽料

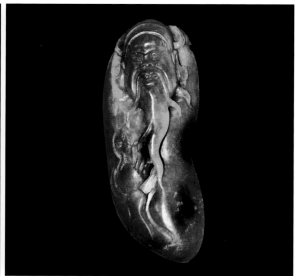

和田黄玉"金玉财神"吊坠

和田黄玉的等级划分

一级黄玉，颜色呈深黄色，质地柔和均匀，致密细腻，坚韧，滋润光洁，呈半透明状，有油脂蜡状光泽，基本无绺、裂、杂质等。

二级黄玉，颜色由淡黄到深黄，较柔和均匀，质地致密细腻，有油脂蜡状光泽，偶见绺、裂、杂质等。

三级黄玉，颜色淡黄，柔和但不均匀，质地较致密细腻，有蜡状光泽，常见绺、裂、杂质等。

和田玉籽料"多子多孙"挂件

糖玉

　　糖玉是和田玉中的一个特殊品种，它跟具有原生色的白玉、青玉、碧玉、黄玉不同，糖玉的玉料多呈现红褐色、黄褐色、黑褐色等色调，其颜色由白玉、青白玉、青玉被铁、锰氧化浸染而成。根据氧化浸染的程度，当糖色大于85％时为糖玉，小于30％为糖白玉、糖青白玉、唐青玉。目前，在存世的玉器之中，真正的红色糖玉极其罕见，大多是褐红色或紫红色的糖玉。糖玉主要产于新疆的叶城县、且末县、若羌县、和田县等地。叶城矿糖玉颜色偏灰，大部分比较干，无水头，细度相对来说比较弱，基本无油脂；且末矿糖玉的颜色以青白居多，白中偏青，糖色偏红，细度比较好，油脂比较高，水头好；若羌矿糖玉玉色黄中偏青，黄者为上品。糖玉常与白玉、青白玉或青玉构成双色玉料，可制作俏色玉器。以糖玉皮壳籽料掏腔制成的鼻烟壶称"金裹银"，也很珍贵。

和田玉糖玉财神

青花籽料双鹅摆件

其他颜色的玉石

除了上面所说的几种主流和田玉之外，还有一些不太常见的玉料品种。比如虎皮玉，其外观呈现虎皮色。花玉，其外观呈现花斑状。

和田玉俏色"马到成功"牌

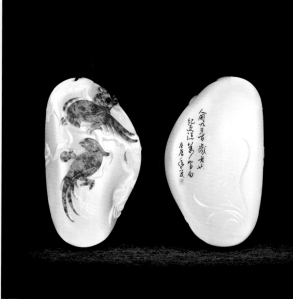

和田玉籽料"凤穿牡丹"把件

还有青花玉，其外观颜色呈现天蓝色，由深至浅，越浅颜色越白，但白里泛黑。普遍的观点是青花玉一般由墨玉和白玉组合而成，即"青花"是对一块玉石上墨、白两色的统称。这一点与青花瓷相同，青花瓷一般由青、白两色组成，"花"亦非花，"花"亦非色，实际的主导颜色是"青色"。青花玉借鉴了这种称谓，墨（墨即黑）、白两色中，以墨色为主，白色为底或作为点缀。青花玉与青花瓷不只是名称接近，更为相似的还在于它们的内在情趣意韵。

青玉"必定成龙"挂件

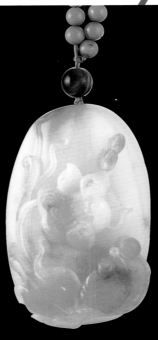

原籽原皮"荷塘鱼趣"挂坠

重量：51 克

参考价：9.8 万 ~ 11 万元

原籽龙龟把件

重量：158 克

参考价：8.8 万 ~ 10 万元

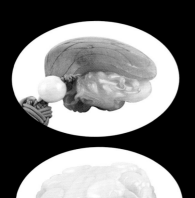
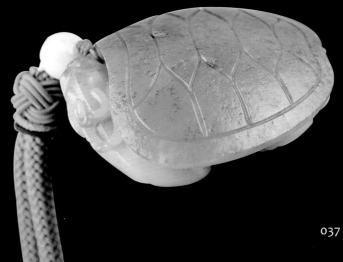

籽料原石

重量：225 克

参考价：3.5 万～4.5 万元

飞黄腾达籽料手镯

重量：64 克

参考价：12 万～13.5 万元

玉鼎款 "一夜封侯" 独籽挂坠

作者：顾红

重量：11 克

参考价：5.5 万 ~ 7 万元

宜款 "马上有福" 籽料牌

作者：郭万龙

重量：20 克

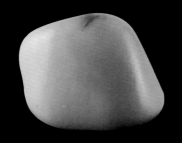

籽玉原石

重量：230 克

参考价：3.5 万 ~ 5 万元

清末绞丝白玉手镯

重量：42 克

参考价：2.5 万 ~ 3.5 万元

汉款龙头挂坠

作者：汉皇玉苑

重量：22 克

参考价：7 万 ~ 8.8 万元

长宜款福猪牌

作者：郭万龙

重量：22 克

参考价：6 万 ~ 8 万元

玉洁冰清梅花牌

重量：7.5 克

参考价：1.5 万 ~ 2 万元

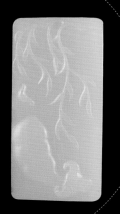

长宜款水牛牌

作者：郭万龙

重量：29 克

参考价：7.8 万 ~ 8.8 万元

和田玉

第二章

世界软玉之王
——和田玉的特性和特点

和田玉的特性

珍贵稀少

常言道："物以稀为贵。"假如和田玉很常见，储藏量很大，开采起来也很容易，那么不管它有多么美丽，它的价格也不会像现在这样高昂。特别是和田玉中的羊脂白玉，更是世间罕有。和田玉的市场需求量较大，但是资源不会再生。

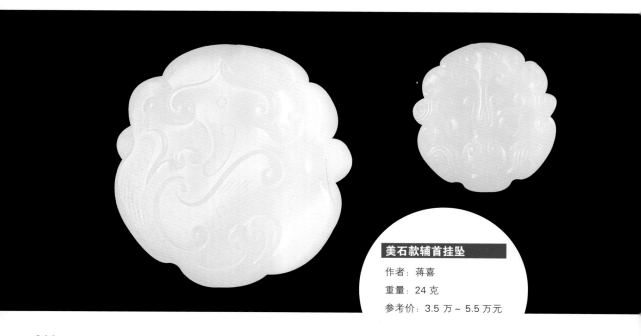

美石款辅首挂坠

作者：蒋喜

重量：24 克

参考价：3.5 万 ~ 5.5 万元

纤款原籽飞龙挂坠

作者：葛洪

重量：57 克

参考价：7.5 万 ~ 9 万元

　　和田玉的超凡脱俗是其他玉石无法比拟的。尽管目前已经发现的和田玉的成矿带长达 1100 多千米，总储量超过 100 万吨，但其地质生成条件十分苛刻。和田玉产在昆仑山海拔约 4500 米的冰峰上，这里氧气稀薄，而且极度寒冷，山体陡峻，无路可攀，自然环境恶劣无比，开采难度很大。虽说现在和田玉的年产量有几百吨，但其中可以做成工艺品的上等材料极其稀少。

耐久易存

　　和田玉是独具特色的收藏品，因为世界上的许多文物和艺术品都不容易长久地保存下来，比如青铜器和铁器容易因受到氧化而腐蚀，书画、碑帖容易受潮发霉甚至腐烂，瓷器、陶器脆弱易碎，收藏者的疏忽很容易影响到收藏品的价值，收藏品甚至会在稍不留神间立马变得一文不值。

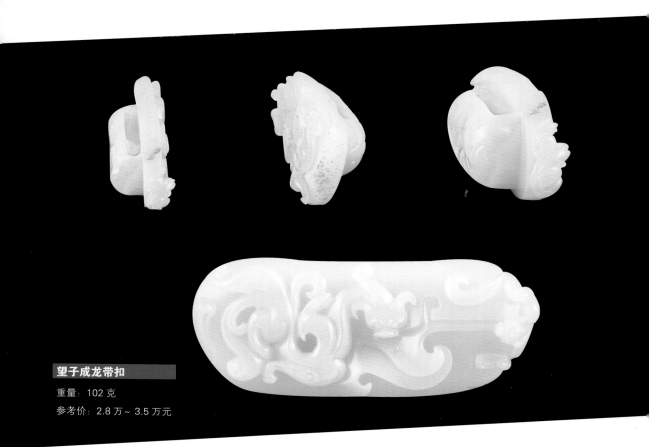

望子成龙带扣

重量：102 克

参考价：2.8 万～3.5 万元

　　玉器不会像青铜器那样被氧化，也不会像字画那样霉烂，更不会轻易破碎。再者，在身上佩戴小件的玉饰，不仅可以起到装饰作用，还能起到保健作用。民间一直都有"玉养人，人养玉"的说法，传统思想认为玉有祛病辟邪之功效。总的来说，和田玉的性质比较稳定，不会因为自然环境恶劣而受损，反而会变得更加坚韧。同时，和田玉比较坚硬，不容易被磨损。

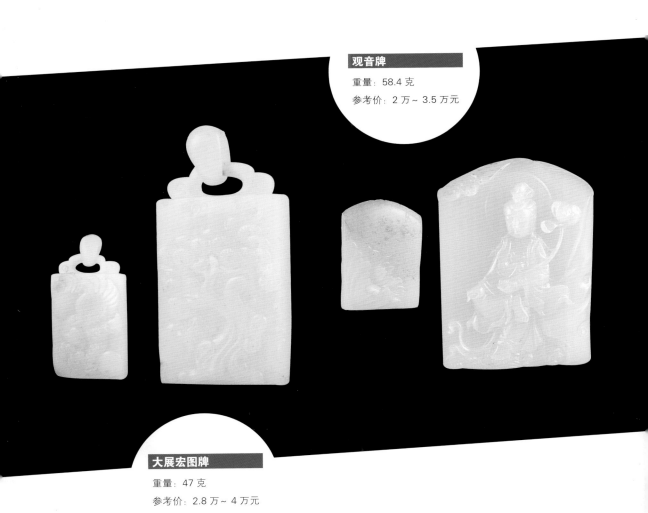

观音牌

重量：58.4 克

参考价：2 万 ~ 3.5 万元

大展宏图牌

重量：47 克

参考价：2.8 万 ~ 4 万元

和田玉的物理性质

1. 温润光洁。
2. 致密，且表里如一。
3. 敲打玉身所发之音舒缓悠长。
4. 细密坚实，柔韧有余。
5. 断口有棱有角，且不锋利。

价值攀升

近年来，和田玉的价格持续上涨，致使很多人开始选择投资和田玉。20 世纪 80 年代，一级和田白玉山玉的价格为每公斤 80 元，籽玉每公斤 100 元；1990 年，和田白玉山玉的价格攀升至每公斤 300 元，籽玉达到 1500 ~ 2000 元；到了 2005 年，一级和田白玉籽玉的价格达到每公斤 10 万元以上，质地特别好的以克论价；而现在，一级和田白玉籽玉价格已升至每公斤 100 万元。

宜款佛牌

作者：郭万龙

重量：13.6 克

参考价：2.2 万～3 万元

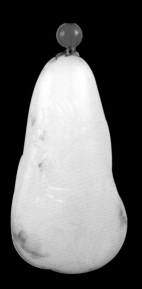
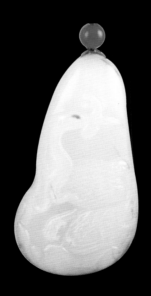

原籽原皮路路通挂坠

重量：39 克

参考价：3.5 万～4.5 万元

具有艺术观赏价值

  中国历史上下五千年，经过几千年的沉淀，玉文化已经基本形成。中国历代出土的和田玉器皆为精品，每一件作品都具有很高的艺术观赏价值。这是人类艺术史上的辉煌成就，更是我们中华民族的象征。要知道，一件艺术作品要得到大家的认可，需要创作者倾注大量的精力与汗水，而温润柔和的和田玉正为创作者提供了创作最佳艺术品的原料。和田玉质地细腻，为其他玉石所不能及。

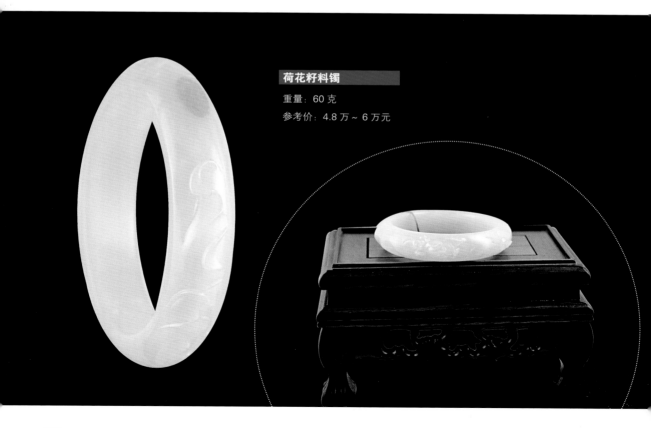

荷花籽料镯

重量：60 克

参考价：4.8 万 ~ 6 万元

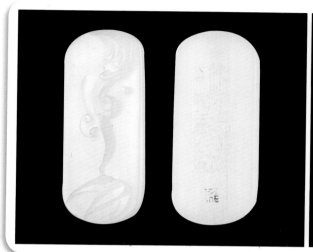

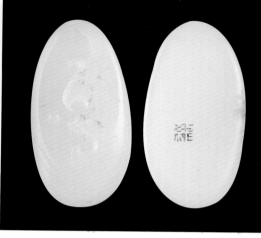

纤款原籽福坠

作者：葛洪

重量：4.5 克

参考价：8000 ～ 9800 元

纤款"祝福知足"挂牌

作者：葛洪

重量：5.5 克

参考价：1.5 万～ 2 万元

从古至今，经过艺术家的精雕细琢，和田玉被制作成了各种富有吉祥寓意的作品。那高贵典雅的气质、巧夺天工的雕琢、变幻莫测的造型和清逸脱俗的纹饰都赋予了作品极大的观赏价值，其丰富的文化内涵更是耐人寻味。

生活在不同时期、不同地区，来自不同民族的人们，文化背景、经济结构和风俗习惯都有所差异，对和田玉的认识和喜好程度也有所不同，但对于和田玉的特性的认知是一致的。

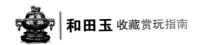

和田玉的硬度

硬度是和田玉的基本性质之一。和田玉的硬度在玉石当中算是比较高的，而且韧度也是最大的。一般硬度越大的玉，抛光性也就越好，能够长期保存。正因如此，业内常以硬度作为划分玉器的高、中、低档的标准之一。和田玉的硬度在 6.5 ～ 6.9 之间。由于所含杂质的成分和数量不同，和田玉的各个品种的硬度也不相同。和田白玉的硬度在 6.6 ～ 6.7 之间。和田羊脂白玉的硬度在 6.5 ～ 6.6 之间。和田青玉和和田碧玉的硬度在 6.6 ～ 6.9 之间。

叶款独籽凤挂坠

作者：叶清

重量：3 克

参考价：6000 ～ 8000 元

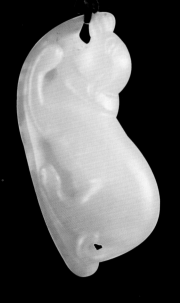

山款 "旺财" 挂坠

作者：张克山

重量：4 克

参考价：1 万 ~ 1.5 万元

马一天刻金蟾印章挂坠

作者：马一天

重量：32.9 克

参考价：2.6 万 ~ 3.8 万元

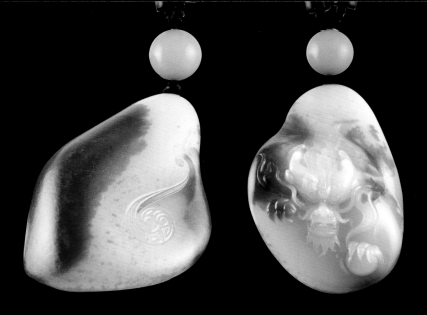

枣红皮原籽龙把件

重量：113 克

参考价：28.8 万 ~ 32 万元

玉梳挂坠

重量：10.3 克

参考价：8000 元 ~ 1 万元

和田玉的块度与重量

　　块度和重量也是衡量和田玉价值的一个重要标准，一般情况下，相同质地的和田玉块度越大就越重，品级就越高，其价格也就越昂贵。现实情况中，块度大的和田玉非常难得，在历史记载中，重量在 100 公斤以上的和田白玉屈指可数，而且这样的白玉一般都会作为珍宝上贡给朝廷。1976 年，和田将所采得的重达 178 公斤的和田白玉敬献给毛主席纪念堂。1980 年，一块重达 472 公斤和田白玉被送至扬州玉雕厂，琢磨成"大千佛国图"玉山子，获国家珍品金杯奖，永久收藏在中国工艺美术馆。2004 年，和田又采得带皮的和田羊脂白玉，重达 80 公斤。

籽料项链

重量：45.3 克

参考价：7600 ～ 9800 元

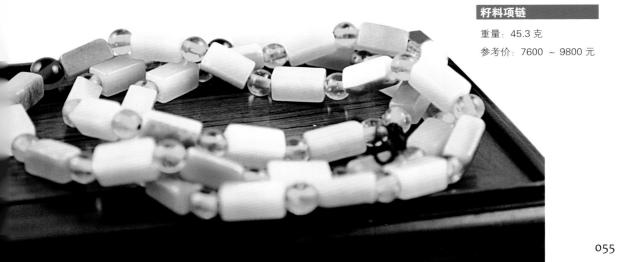

宜款小鸡挂坠

作者：郭万龙

重量：5.5 克

参考价：1.2 万 ~ 1.8 万元

　　当然，对和田玉工艺品的鉴定是非常复杂的，要综合性地对一块玉石进行多方面的分析，不能拘泥于某一方面来衡量它的市场价值。例如，重达 10 公斤的青玉就无法跟 100 克的和田羊脂玉相提并论。

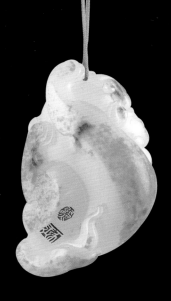

亲工辟邪挂坠

作者：熊明星

重量：18.4 克

参考价：4.8 万 ~ 5.6 万元

蝶恋花贵妃镯

重量：96.2 克

参考价：68 万 ~ 70 万元

古代和田玉的产地

　　清代以前的资料中对古代采集和田玉的地点记载得比较模糊，没有记录具体的矿山。清代之后，有了详细的记载，具体的采玉矿山不少于六处，主要有新疆和田地区叶城县密尔岱玉矿、和田县阿拉玛斯玉矿、且末县塔特勒克苏玉矿、且末县塔什赛因玉矿、塔什库尔干县大同玉矿、皮山县康西瓦玉矿等。

籽料素镯

重量：93克

参考价：28万~30万元

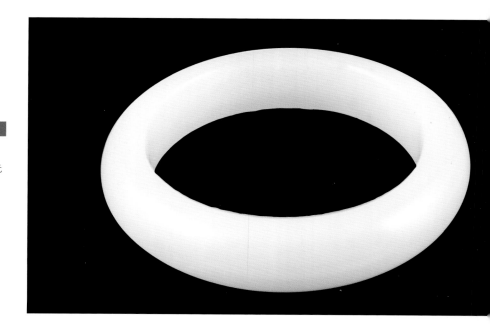

和田玉的光泽

　　光泽是指和田玉对光的反射能力。光泽是由光在矿物表面的反射而产生的，与矿物的折光率、吸收系数、反射率有关。和田玉的反射率越大，它的光泽就越强。不同的矿物有不同的光泽，相同的矿物由于加工程度的不同也会呈现不同的光泽。按反光能力的强弱，矿物的光泽可区分为金属光泽、半金属光泽和非金属光泽三大类。金属光泽反光极强，如同平滑表面所呈现的光泽。非金属光泽包括金刚光泽、玻璃光泽、油脂光泽、树脂光泽、蜡状光泽和丝质光泽等。光泽会因矿物的硬度不同而有强弱之分，硬度高的矿物会发出强闪光，硬度低的则发出弱闪光。

籽料原石

重量：79 克

参考价：1.5 万～ 2.2 万元

抛光技术的好坏会直接影响到和田玉的光泽。抛光度越高，反射光也就越强。和田玉的光泽属油脂光泽，即"温润而光泽"。"润泽以温"是衡量和田玉质量的重要标准。和田玉的光泽给人以温润的感觉，就像羊脂玉看上去会有一种很强的油脂性。一般情况下，和田玉的质地纯，光泽就好；质地差，光泽就弱。

籽料原石

重量：175 克

参考价：3.5 万 ~ 4 万元

"荷花鸳鸯"挂坠

重量: 36 克

参考价: 2.38 万 ~ 2.88 万元

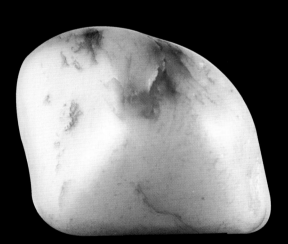

籽料原石

重量: 160 克

参考价: 1.5 万 ~ 2.2 万元

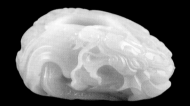

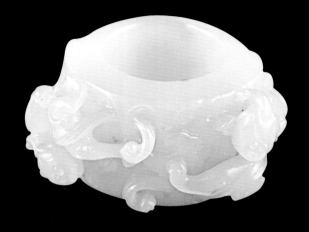

龙纹扳指

重量：223.4 克

参考价：2.6 万 ~ 3 万元

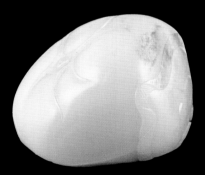

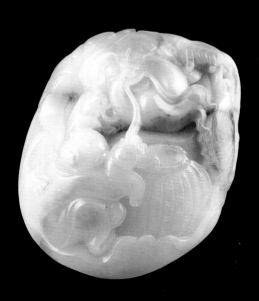

原籽原皮"老少同乐"把件

重量：125.8 克

参考价：3.8 万 ~ 4.5 万元

和田玉的透明度

　　和田玉的透明度是指可见光透过和田玉的程度。根据透光程度，和田玉的透明度可大致分为三级：透明、半透明和不透明。和田玉的透明度受它本身的分子结构、颗粒大小及所含杂质影响，主要与和田玉对光的吸收强弱有关。透明度高称"水足""水头好"，透明度差称"水差""缺水"，不透明称"木"。形容透明度的词有通、放、透、莹等，莹的水最足。和田羊脂玉的透明度适中，也就是我们所说的微透明。

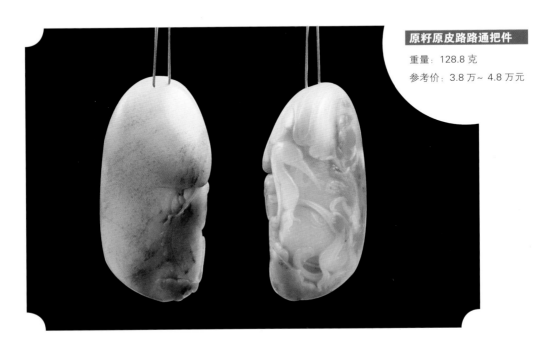

原籽原皮路路通把件

重量：128.8 克

参考价：3.8 万~ 4.8 万元

　　业内人士对玉石的透明度相当看重，因为透明度是检验玉石质量的重要指标之一。透明度好，则说明玉的成分多，石头的成分少。对于透明度好的玉石，就不必在去除杂质的工作上而大费周章了。透明度好的和田玉能充分展现其玉石质地的细腻和颜色的美丽，不过，也并不是越透明越好。因为和田玉的质地不同，一些颜色较深的和田玉的透明度就会稍微差些。例如墨玉的透明度相对于羊脂玉来说就明显差很多。通常情况下，颜色浅的和田玉的透明度会稍微高一些。上等和田玉都是半透明或不透明的，玉中呈现羊脂一样的浑浊。

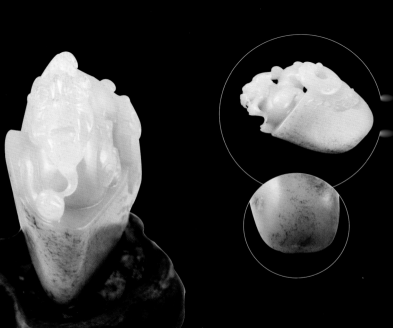

"平安无事"牌

重量：70.8 克

参考价：3.5 万 ～ 5 万元

美石款 "府上有龙" 摆件

作者：蒋喜

重量：337 克

参考价：22 万 ～ 25 万元

和田玉的解理与裂纹

　　人们在鉴赏与收藏和田玉器时，会发现有些玉石的表面有一些看似裂纹的纹理。那么这些纹理究竟是解理还是裂纹呢？在和田玉中，自然的裂纹不同于解理纹，它没有固定的形状、方向和规律。我们可以以它们的定义和特征进行区别。

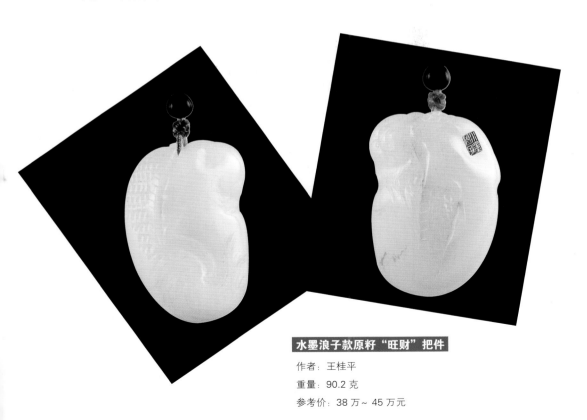

水墨浪子款原籽"旺财"把件

作者：王桂平

重量：90.2 克

参考价：38 万~ 45 万元

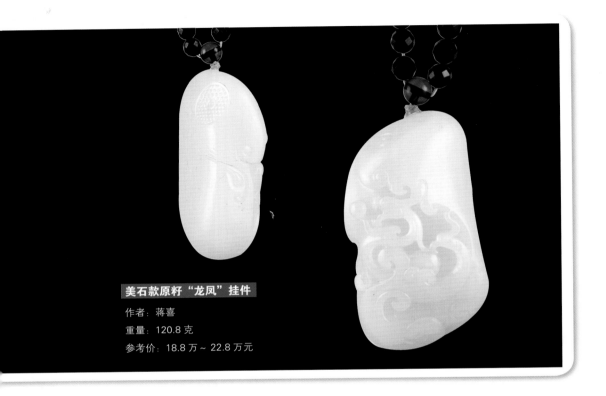

美石款原籽 "龙凤" 挂件

作者：蒋喜

重量：120.8 克

参考价：18.8 万 ~ 22.8 万元

　　解理系矿物晶体受力后沿一定方向的平面破裂，裂开的面叫作解理面。解理作为反映晶体构造的重要特征之一，是鉴定矿物的重要依据。解理可分为完全解理、中等解理、不完全解理和无解理四级。和田玉由于受到晶体异向性的影响，会沿着一个或多个方向有规律地裂开，平整光滑的表面存在着一定的形状、方向和规律性，这会给玉器的琢磨加工工作增加相当大的难度。但解理面与破碎面截然不同，破碎面并没有一定的方向和规律性。

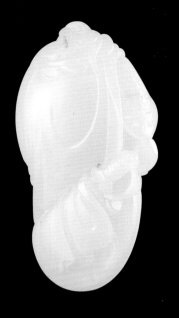

祥石款关公把件

作者：王洪顺

重量：129 克

参考价：19.8 万 ~ 25 万元

长宜款"八字猴"吊坠

作者：郭万龙

重量：15.6 克

参考价：4.28 万 ~ 6.8 万元

"一路连科"挂坠

重量：63.6 克

参考价：8 万～11 万元

　　和田玉的自然裂纹没有特定的方向和规律，这些裂纹主要是由于和田玉承受了大自然的冲击、气温冷热的变化和内在压力的变化而自然形成的。业内人士通常把这些裂纹称为"绺"，称极微弱的裂纹为"纹线"和"水线"。和田玉中的自然裂纹形式多种多样，主要有断裂纹、破碎纹、龟背纹、炸心纹、包裹纹、炸惊纹等。

　　断裂纹是因受力形成的，裂纹长而深，仅出现在局部部位，容易被发现。

　　破碎纹也是因受力形成，裂纹多而杂乱，长短、深浅、走向没有一定规律，容易观察清楚。

龟背纹是受冷热变化而形成的，就像乌龟背上的花纹一样，出现在表面位置，容易观察清楚；炸心纹受冷热变化而形成，裂纹从内向外如蒜瓣一样作散状，很难从外表观察清楚；包裹纹是玉在沉积过程中，因凝同层没有黏牢而形成，通常是裂纹中心有个核，核外包着若干层皮；炸惊纹由玉内应力表现而形成，这种裂纹在一般情况下不易被发现，但当条件变化后，如遇湿度的变化时，它就会表现出来。

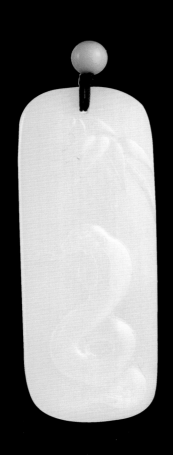

长宜款蛇牌

作者：郭万龙

重量：24.5 克

参考价：5.8 万 ~ 8 万元

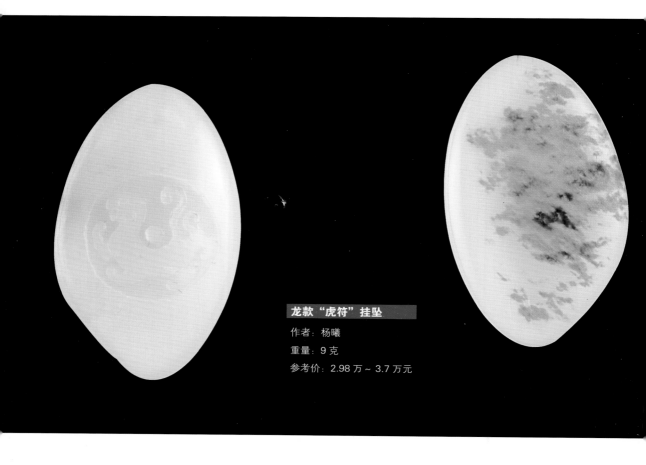

龙款 "虎符" 挂坠

作者：杨曦

重量：9 克

参考价：2.98 万 ~ 3.7 万元

　　裂纹一般会对玉器的制作造成很大影响，因此加工玉器的工匠通常都不会选择有裂纹的玉材。如果不得不使用有裂纹的玉材，也会将玉材上的裂纹除掉，或者将其避开，这在玉器行叫"除绺""躲绺"或"遮绺"。带"绺"的玉器容易开裂，艺术价值较低，因此制成的玉器基本上是不能带裂纹的。

和田玉的沁色

　　刚出土的和田玉表面都会带"锈"，行话叫"沁色"。玉器经过长时间的地下掩埋，不断受到地热、地压、土壤酸碱度和所含矿物元素的影响，颜色会发生变化，这样所产生出来的颜色叫"沁色"。现在很多商家喜欢把全沁色说成玉种，比如将全黄沁的玉说成黄玉，全红沁的玉说成红玉，其实这是不准确的，沁色只能算是和田玉的一种色质。沁色要经百年以上才能出现，与玉材、玉质、地理环境、土壤成分、介质环境、埋藏时间等因素有关。由于受沁的原因不同，沁色的颜色也不尽相同。古玉出土之后，经过人的把玩，其内部的物质成分会受到人气的涵养，玉性会慢慢复苏，从而使古玉的沁色发生奇妙的变化，呈现出丰富的色彩。

"荷香风善"牌

作者：马一天

重量：36 克

参考价：4.8 万 ~ 5.8 万元

自然形成的沁色从表及里，由深及浅，绚丽斑斓，丰富多彩，富有层次感。对于比较好的玉质，从"开窗"处往里看，可看到富有立体感的沁层。如果是"彩沁"，沁纹与蚀斑通常更为明显，层次过渡自然。对于两种以上的沁色，常会发生颜色取代与覆盖现象，比如黑色覆盖红色、红色取代土沁色、水沁覆盖糖沁色等。沁色在器表呈连续分布时，不会因刻痕而中断，刻痕内会呈现同一颜色，或因沉积较深而色稍重。不受沁处的刻痕内，则多呈粉状白化，或呈原生色。

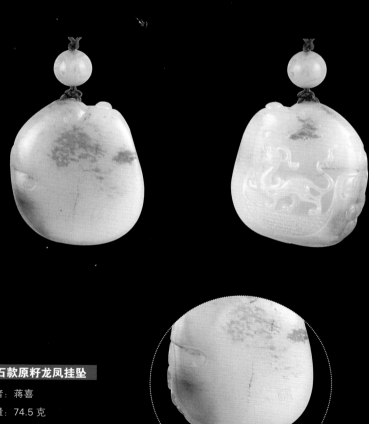

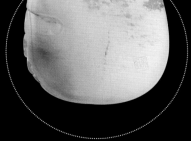

美石款原籽龙凤挂坠

作者：蒋喜

重量：74.5 克

参考价：4.8 万 ~ 6 万元

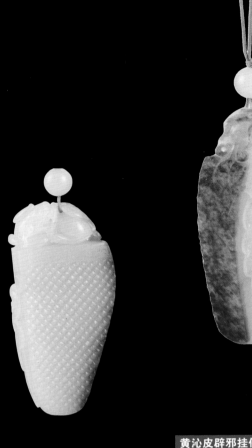

黄沁皮辟邪挂件

重量：53.5 克

参考价：3.8 万 ~ 5 万元

　　出土古玉沁色之所以会千差万别，是由入土的时间地点不同、受沁的深浅程度不同所致。因此，地理环境对沁色的形成影响很大。

我国好玉之士对沁色的研究确实有不少精辟之处，但也有相当多以讹传讹的说法流传下来，比如"寿衣沁"便是一例。陕西省扶风县召陈村出土的西周双龙纹玉环，上面有古玉书中形容的微发紫色的"寿衣沁"。古人认为这是"寿衣"的颜色沁入玉里所导致的，而现代不少专家都认为，所谓"寿衣沁"是含有高锰酸钾的锰矿物沁入玉体使然。其实自然界的天然锰矿只以二氧化锰的形式存在，俗称软锰矿，它要经过高温还原才能作为着色剂呈现紫色。古代没有高锰酸钾这种化合物，所以锰矿物直接沁入玉体呈现紫色的说法是不切实际的。那么古人为什么会称之为"寿衣沁"呢？大概与古人因地制宜地把自然界中的二氧化锰矿粉还原后作为织物印染着色剂使用有关。这些印染后的衣物带有锰元素，入葬后与人体骨骼、肌肉和肝脏内含有的大量锰元素一起作用，在尸体氧化腐败后，沁入玉体。

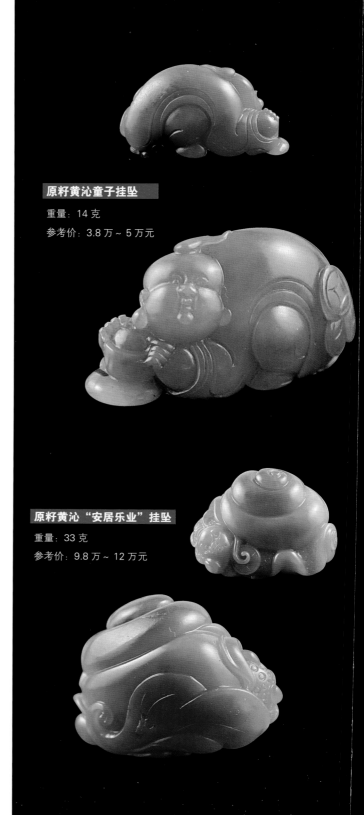

原籽黄沁童子挂坠

重量：14克

参考价：3.8万 ~ 5万元

原籽黄沁"安居乐业"挂坠

重量：33克

参考价：9.8万 ~ 12万元

和田玉的杂质

　　新疆玉矿丰富，但是质地特别纯的玉石现在也已经不多见了，绝大多数的玉石中都掺有杂质。和田玉的杂质又称天然内含物或包裹体，是一种内部特征，以铁质和石墨为多。杂质会影响玉石的美观程度，一般来说，和田玉以净为好，不过在实际情况中，一些杂质多的玉石因为具有观赏性，也有很高的艺术价值，不失为一件上品，还有些含有杂质的玉石因为其独特的形象而被视为珍品。

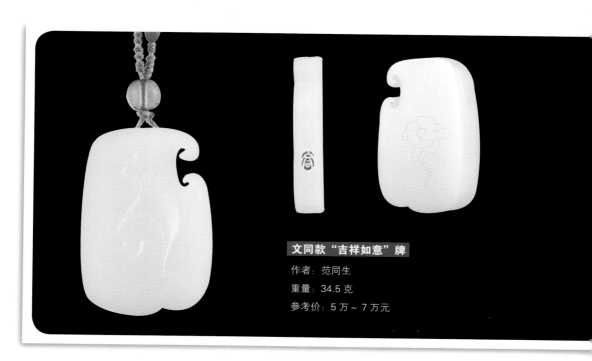

文同款"吉祥如意"牌

作者：范同生

重量：34.5 克

参考价：5 万 ~ 7 万元

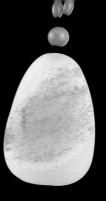

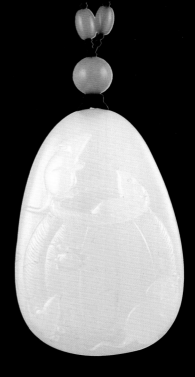

宜款丰收鼠牌

作者：郭万龙

重量：42.3 克

参考价：4.5 万 ~ 6.5 万元

美石款原籽兽面挂坠

作者：蒋喜

重量：55.9 克

参考价：7.8 万 ~ 9 万元

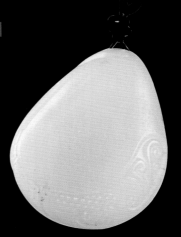

　　杂质或包裹体的体积小于总体8％的，业内称"小花"；大于总体8％，小于30％的，业内称"中花"；大于总体30％，小于50％的，业内称"大花"。"花"越大，则玉的"石性"越大。通常来说，上等的和田美玉应该无瑕疵，不过在实际情况中，无瑕疵的和田玉着实不多。一般情况下，首饰对玉的要求会高于一般的玉器对玉的要求，大玉件会高于小玉件。总之，对玉的选购和处理加工都要经过反复推敲。

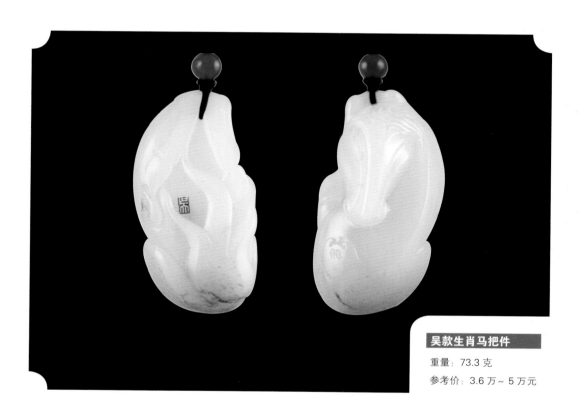

吴款生肖马把件

重量：73.3克

参考价：3.6万～5万元

9.5mm 和田籽料手串

重量：28 克

参考价：2800 ～ 3500 元

9.5mm 和田籽料手串

重量：28 克

参考价：2800 ～ 3500 元

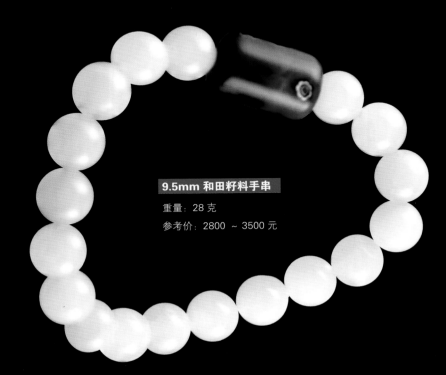

9.5mm 和田籽料手串

重量：28 克

参考价：2800 ～ 3500 元

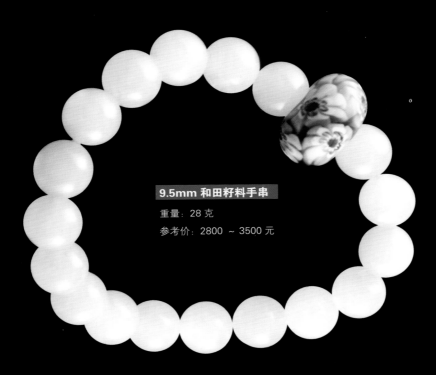

9.5mm 和田籽料手串

重量：28 克

参考价：2800 ～ 3500 元

9.5mm 和田籽料手串

重量：28 克

参考价：2800 ～ 3500 元

9.5mm 和田籽料手串

重量：28 克

参考价：2800 ～ 3500 元

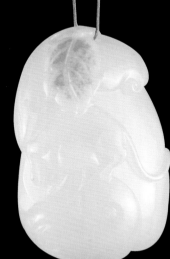

"子承大业"挂坠

重量：33.4 克

参考价：2.6 万 ~ 3.5 万元

籽料手串（一级白）

重量：13.5 克

参考价：1.2 万 ~ 1.8 万元

转运珠组串

重量：38 克

参考价：1.8 万 ~ 2.2 万元

独籽观音牌

重量：34.2 克

参考价：5.8 万 ~ 7 万元

纤款祝福挂坠

作者：葛洪

重量：5.2 克

参考价：1.2 万 ~ 1.8 万元

纤款幽兰挂牌

作者：葛洪

重量：3.8 克

参考价：9800 元 ~ 1.3 万元

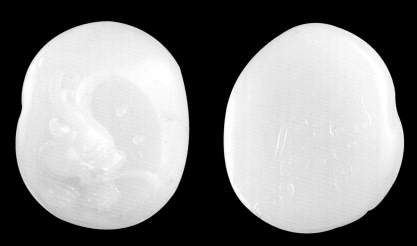

王贺款原籽瑞兽挂坠

重量：34.3 克

参考价：6.8 万 ~ 8 万元

5.5mm 珠串

重量：20.4 克

参考价：1 万 ~ 1.6 万元

和田玉

第三章

玉不琢，不成器
——和田玉的雕琢工艺流程

籽料原石

重量：224 克

参考价：3.5 万 ~ 4.8 万元

　　俗话说："玉不琢，不成器。"一块玉石必须经过多道工序加工才能成为一件玉器。正所谓："美玉，巧琢成器。"一块美玉只有经过工匠巧妙的构思设计和巧夺天工的琢磨，才能成为一件精美绝伦的艺术珍品。中国的琢玉工艺历史悠久，经过几千年的发展，逐渐成为世界上独一无二的技艺。制玉工艺起源于我国古人的生产劳动，在我国第一部诗歌总集《诗经》中就有这样的诗句："如切如磋，如琢如磨。"这里便是在以玉石的加工工序来比喻人的美好品质。切，就是把玉料割开；磋，就是对玉料进行进一步的成型修治；琢，就是雕琢纹饰和成器；磨，就是对玉石进行抛光。这些琢玉工艺从石器时代兴起，经过几千年的不断发展，最终使中国的琢玉工艺在世界大放异彩。和田玉的加工基本会遵循锯割、琢磨、抛光、上蜡四大步骤。

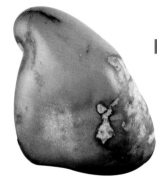

籽料原石

重量：579 克

参考价：1.5 万 ~ 2.3 万元

和田玉的锯割

　　锯割是玉石加工的第一道工序，指在锯割机上将玉石材料分割成适当的形状，便于玉石工匠合理雕琢、利用。锯割工序依赖于锯机和锯片。从古至今，锯割玉石所用的工具一直在发生变化，以前是人力驱动的泥砂锯，经过一段相当长的时间之后，开始使用电力驱动的切割机。现代的割锯机分为很多种，它们都有各自的分工。如大料切割机（包括开石机、切片机）、小型切割机、多刀切割机等。

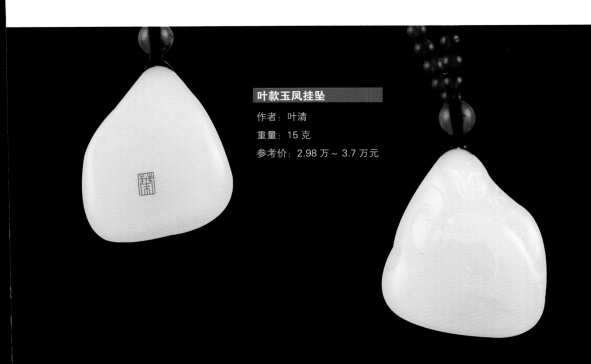

叶款玉凤挂坠

作者：叶清

重量：15 克

参考价：2.98 万 ~ 3.7 万元

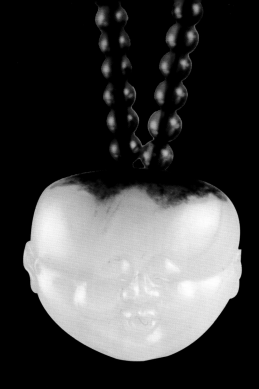

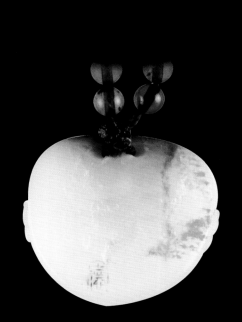

德款童子"鸿运当头"挂坠

作者：吕德

重量：13 克

参考价：2.38 万 ~ 3.2 万元

　　锯片的种类也是不同的。现代锯机的锯片多采用热铸锯片和滚压－电镀锯片，将钻石粉直接热铸或滚压在锯片的刀刃之上，使锯机只需冷却水便可快速对任何硬度的玉石进行切割。尤其是滚压－电镀锯片，其价格低廉，规格齐全，用它来切割玉石，可以使玉石的损耗降到最低。也正因如此，滚压－电镀锯片一诞生，便被广泛应用。

和田玉的琢磨

琢磨是和田玉加工的第二道工序，这道工序影响着玉器的造型质量，琢磨技艺的高低会决定一件玉器作品的优劣。琢磨工序需要用到磨料与磨具。磨料是玉石加工的重要辅料，古代工匠用河床中的砂子做磨料。玉石的琢磨是通过有磨料配合的磨具来进行的，通常有两种形式：以松散的颗粒磨料琢磨和以固着的磨料琢磨。前者是通过使磨料加水制成的悬浮液附着在某些工具（如铸铁平磨盘）上，借助于磨盘的旋转及施加于玉料上的压力使磨料对玉石进行琢磨，这种方法是传统琢磨工艺中经常采用的；后者则是通过树脂、金属、陶瓷等结合剂将磨料固着在一定的基体上制成磨具，从而对和田玉进行琢磨，现代玉器加工多采用这种方法。如用碳化硅粉制成的磨具称碳化硅磨具，包括各种类型的砂轮、砂条、砂布、砂纸等，以碳化硅砂轮最为常用。

"一夜封侯"挂坠

重量：13 克

参考价：1.5 万 ~ 2.2 万元

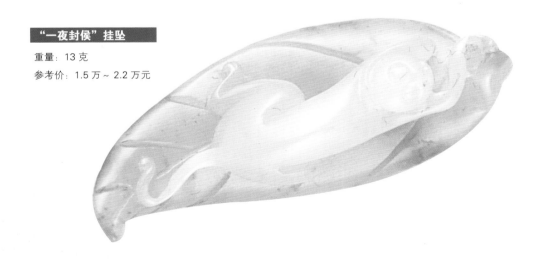

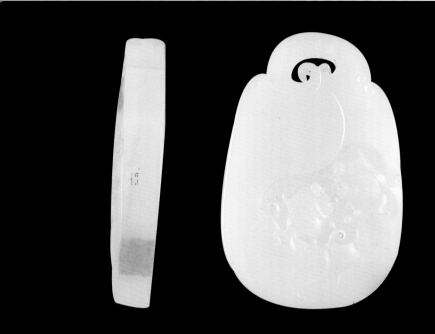

林款"金玉满堂"牌

作者：林光

重量：43.1 克

参考价：6.6 万 ~ 8 万元

　　玉器雕琢的手法有透雕、镂雕、链子活等。透雕又叫镂空雕，是浮雕的进一步发展，指在浅浮雕或深浮雕的基础上，将某些背景的部位镂空，使作品的景象轮廓更加鲜明，从而表现玲珑剔透、造型奇巧的工艺效果。透雕使玉器作品的层次增多，花纹图案上下起伏二三层乃至四层。由于层次增多，花纹图案会上下交错，景物远近有别。透雕完成后，玉器抛光工序颇为费时费力，但其艺术效果也是最佳的。圆身雕也是一种常见的雕法，属三维立体雕刻，前后左右各面均雕出，可以从任何角度欣赏，作品形同实物，充分体现了精雕细刻的至高境界。

黄沁"生生有福"挂坠
作者：叶清
重量：4.7 克
参考价：6800 ～ 9000 元

　　链子活则更显工艺技巧，一串链环，环环相连，乃用一块玉料琢磨而成，其用工、用具极为精细讲究。链子活雕琢讲求静心、耐心、细心，稍不小心，前功尽弃，从这"三心"可见其施艺的精细与难度。

　　琢玉是属于艺术范畴的创造性劳动，琢玉人员的水平非常关键。中国的琢玉技艺以高超精巧称誉世界。

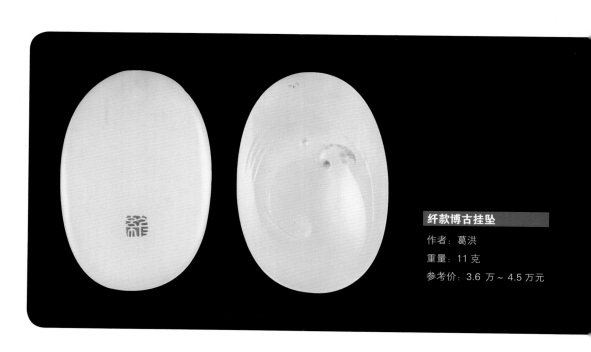

纤款博古挂坠
作者：葛洪
重量：11 克
参考价：3.6 万～ 4.5 万元

玉鼎款"连生贵子"挂坠

作者：顾红

重量：8.8 克

参考价：2.8 万 ~ 4 万元

玉鼎款"连年有余"挂坠

作者：顾红

重量：9.8 克

参考价：3.58 万 ~ 4.5 万元

玉鼎款"连生贵子"挂坠

作者：顾红

重量：8.8 克

参考价：2.8 万 ~ 4 万元

和田玉的抛光

抛光是和田玉加工的第三道工序，抛光的过程就是把玉器表面磨细，使之光滑明亮，具有美感。和田玉玉器的抛光要使玉面平顺，以反映玉的润美，这就要把玉性压下去。抛光需要用到抛光剂和抛光工具，即用抛光工具除去表面的糙面，把表面磨得很细，然后再用抛光剂和一些水或缝纫机油等液体按照一定比例混合，使之附着在抛光工具上与工件进行摩擦。若操作方法得当，就能把作品上的污垢清除掉，使玉件显出亮丽的外表。

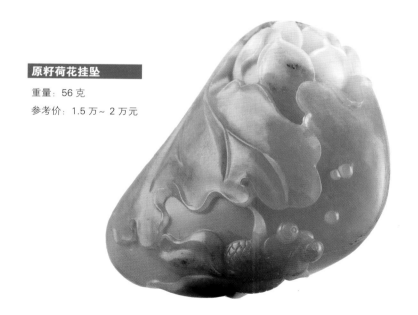

原籽荷花挂坠

重量：56 克
参考价：1.5 万 ~ 2 万元

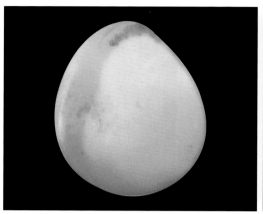
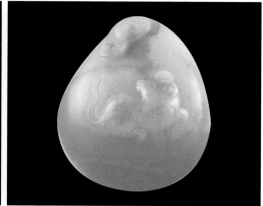

"鼠钱"挂坠

重量：6.9 克

参考价：1800 ~ 2300 元

普通的抛光工具分为两类：一类用于具有凸面、球面及随形曲面的玉件，通常使用毛毡、皮革、毛呢等制成抛光盘或抛光轮，称为软盘；另一类以有平面的硬质材料，如金属、塑料、木头等制作抛光盘。以金属制作的抛光盘称为硬盘，以木头、塑料或沥青制作的抛光盘称为中硬盘。玉石因多以弧面或曲面为常见，所以常选用软质抛光工具。

抛光流程首先是去粗磨细，然后是清洗，即用溶液把玉表面的污垢洗掉，最后是过油、上蜡，增加作品的亮度和光洁度。

马一天款仿古龙凤牌

作者：马一天

重量：31.6 克

参考价：2.8 万~ 3.5 万元

转运珠手链

重量：43 克

参考价：3.5 万 ~ 5 万元

玉珠 108 颗 7.5mm 佛珠链

重量：75 克

参考价：3.2 万 ~ 4 万元

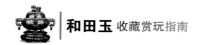

和田玉的上蜡

　　和田玉加工的最后一道程序就是上蜡了，上蜡也称过蜡，不过这已经不是对玉石的加工了，而是对玉器的处理。一般情况下，上蜡有两种方法：一种是蒸蜡，即把石蜡削成粉末状，撒在玉器表面，等石蜡熔化，就会布满玉器；另一种是煮蜡，是指将石蜡加热熔化，并保持一定的温度，再将玉件放入一筛状平底的容器中，连容器一起浸入处于熔融状态的石蜡，使玉件充分浸蜡，然后提起，迅速将多余的蜡甩干净，并用毛巾或布条擦去附在玉器表面上的蜡。这种上蜡方法可使蜡质深入到玉器的裂隙或孔隙当中，效果非常好。

玉珠 108 颗 8.5mm 佛珠链

重量：110 克

参考价：5.5 万 ~ 7 万元

杂宝手串

重量：46.5 克

参考价：3.5 万 ~ 5 万元

　　经过上述程序将玉器制成后，还可为玉器配上富丽的装饰，以起到美化和保护玉器的作用，并提高其价值。座是常见的玉器装饰之一，以木、石、金属等材料制作，其形状、高矮、薄厚和造型都以玉器的造型为依据，力求浑然一体。匣是放置玉器的容器，反映玉器的高贵程度，有专门的技术要求。总之，一件玉器的制作，从选料开始，到装进匣才算全部完成，整个过程都凝结着琢玉艺人的心血。一件玉器作品的诞生，少则一月，多则数年，而且稍不留神就会有损坏的危险，琢玉工匠凭借着高超的技艺，费尽心血才能使一件作品得以完成。所以，一件玉器不仅玉料宝贵，其琢磨之功更是难能可贵。

青玉梅花壶摆件

重量：19.9 克

参考价：1.8 万 ~ 2.5 万元

现代玉器加工的工具

　　现代玉器加工的主要工具为琢玉机，加工流程中的开料、打孔、抛光都由专业的设备来完成。现代琢玉的工具依据功能的不同可划分为铁工具和钻石粉工具。

　　铁工具的作用是切削和研磨，主要工具有：

　　1. 锏砣。作用类似圆形锯，一般用在琢玉机上，机器运转带动金刚砂，这种工具能够清除构图以外的多余部分。需要用到的工艺手法有摽、抠、划。摽的目的是挂角；抠是从两个角度斜刀切入，剜取中间部分；划是切和抠的反复运用。此类工艺都可以用于出坯。

　　2. 錾砣。这是一种小型的轧砣，一般用来出坯，或根据凸凹程度进一步錾去无用部分。

　　3. 碗砣。用于旋碗。

　　4. 冲砣。用于冲磨大的平面。

　　5. 磨砣。以大小不同的磨砣磨出大样，如手、人头等等，使作品出具较致细模样。

　　6. 轧砣。有平口轧砣、快口轧砣、膛砣等，主要用于对造型进一步加细，有推搬、叠挖、顶撞等功能。

　　7. 勾砣。用于勾出更细致的纹饰。

　　8. 钉砣。功能较多，这种工具既可以用来切割又可以用来碾轧，当用在平面上时还可以顶撞，另外掏挖也是可以的。

　　9. 擦条。用于磨孔眼不平处。

　　钻石粉工具通常指的是表层带有钻石粉的琢玉工具，类似铁工具，有用来切锏用的，也有用来碾、轧、磨的。因为钻石的硬度很高，所以用于琢玉的效果很好。

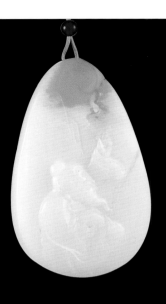

"指日高升"挂坠

重量：29.9 克

参考价：1.8 万 ~ 2.2 万元

蝶恋花挂坠

重量：36 克

参考价：8800 元 ~ 1 万元

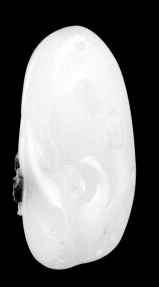

"连年有余"挂坠

重量：22 克

参考价：8000 元 ~ 1 万元

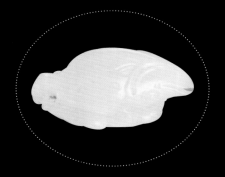

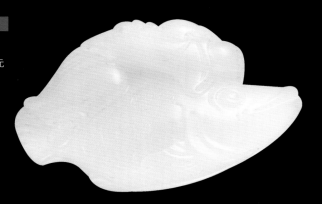

"知音"挂坠

重量：12.9 克

参考价：8000 元 ~ 1 万元

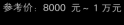

秋梨皮"富贵百财"把件

重量：71 克

参考价：2.18 万 ~ 3.8 万元

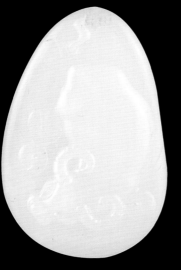

生肖牛挂坠

重量：18 克

参考价：1.1 万～1.6 万元

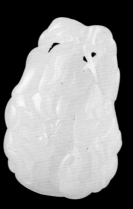

"安居乐业"挂坠

重量：18.6 克

参考价：8800 元～1.2 万元

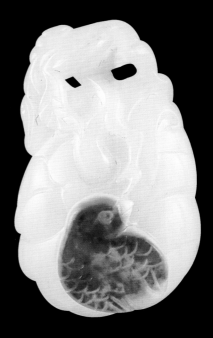

玉兰花挂坠一对

重量：7.4 克

参考价：3500 ～4800 元

"一路连科"挂坠

重量：16.3 克

参考价：3.2 万 ~ 4.5 万元

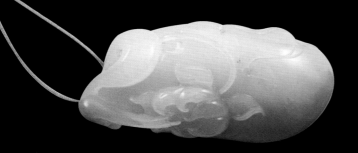

花生挂坠

重量：18.7 克

参考价：4500 ~ 6000 元

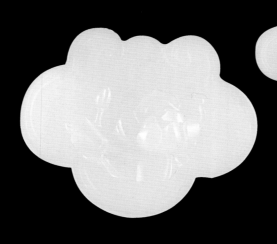

荷花锁

重量：8.3 克

参考价：5800 ~ 8500 元

和田玉

独具匠心的神韵
——和田玉雕件的种类

和田玉礼器

　　古人有一个观念：万物皆有灵性，玉出于山川，吸纳山川的精华，是天地的恩赐，具有沟通天地的灵性。正因为这样，玉在古代的祭祀活动中占有非常重要的地位，经常被做成部族的图腾物、部族首领的标志和祭祀祖先、神鬼等礼仪活动中的供奉物和仪仗品。

和田玉玉璧

和田玉礼器

和田螭龙纹玉璧

和田古玉璧

玉璧

　　玉璧的中间有圆孔，通常为圆形的块状玉器，是我们国家的一种传统礼器。《说文解字》当中曾经有过记录："璧，瑞玉。圜也。"《尔雅·释器》当中也有关于璧的记载："肉倍好谓之璧。"描述中的"肉"说的是边，"好"则指的是璧中心的圆孔，这句话的意思就是璧的边的宽度是其中圆孔的2倍，而在实际情况下，完全符合这种标准的璧是很少见的。璧的种类繁多，历史悠久，我国很多地方都有大量的玉璧出土。体积小点的璧通常被当作佩玉使用，在这些璧上可以发现穿孔或者系绳线的痕迹。

　　玉璧是重要的礼器，可以表明使用者的身份等级，有很多玉璧被用来殉葬，它也可作为信物在社交中使用。不同时代的玉璧在形制和纹饰上有各自的特色，因此，要鉴别古玉璧就必须了解它在各个时代的不同特点。

和田玉琮

玉璇玑

玉璇玑是类似璧形的玉器，这种玉器有向外突出的3～6个尖角，最早发现于大汶口文化和龙山文化区。有研究者认为这种玉器是玉璧演化而来的，另外还有人认为这是古代天文仪器中的部件，至今无法断定其用途。

玉琮

琮的中心通常呈圆筒状，外围则是方形。这种器物作为一种礼器，在《周礼》中郑玄有注云："琮之言宗也，八寸所宗帮。外八方象地之形，中虚圆以应无穷。"可是后世并未发掘出八方形的玉琮。

在古代，琮通常被用来祭地，《周礼》当中记载："以黄琮礼地。"

玉琮同时象征着财富和权力。这种玉器被使用于原始社会的宗教祭祀和巫术活动中，还有种说法称玉琮象征着母性。

玉琮最早出现于良渚文化的早期，良渚文化后期的玉琮便已经被使用得很广泛了，于商代达到鼎盛，西周时期开始衰落。有少量玉琮存在于西汉初期，到了东汉时期就基本销声匿迹了。

玉璜

　　玉璜通常呈片状的弧形，它属于玉璧的一部分。《说文解字》当中有详细的解释："璜，半璧也。从玉黄声。"根据现代考古的发现，只有少数的玉璜是半璧形的，多数呈半环形且弧度不到半圆，通常只有璧的三分之一大小，有的甚至只达到四分之一。

　　玉璜在石器时代的河姆渡文化中就已经出现，人们猜测最初的璜是以损坏的璧、瑗、环改制而成的，还有人认为它是石镰的一种。玉璜是一种装饰品，一般在两端有穿孔，以便系带。后来，玉璜成为了重要的礼器。到了春秋战国时期，礼崩乐坏，玉璜逐渐恢复到只有原来的功能，作为单独的佩饰或组玉佩的部件出现，多被雕刻为动物的形状，比如说龙形、鱼形等，制作手法更精巧，纹饰也更加复杂。汉代玉璜的数量开始减少，到了魏晋时期则更少了。

和田碧玉钩云纹玉璜

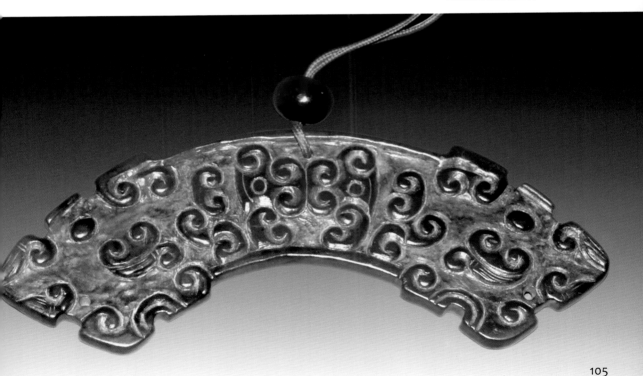

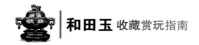
玉圭

玉圭属于"六器"之一，古玉有云："以青圭礼东方。"玉圭还占据着"六瑞"中的前四位："周制王执镇圭，公执桓圭，侯执信圭，伯执躬圭。"它是一种身份地位的象征。

玉圭最早在新石器时代的龙山文化中出现，按其形状可分为尖首圭和平首圭两种，以尖首圭为多。如果依据品级和用途进行分类，则可分为大圭、镇圭、信圭、躬圭、桓圭、琬圭、琰圭等。

玉璋

"半圭为璋"，璋是一种长条形的玉器，一般用于祭祀："以赤璋礼南方。"

玉璋有不同的种类，据《周礼》当中记载，可分为赤璋、大璋、中璋、边璋、牙璋五种。赤璋是专门敬献给南方之神朱雀的玉器，象征着万物繁荣；牙璋为古代调动军队的符信，器身上端有刃，下端呈长方形，有的头部像刀而两旁无刃。

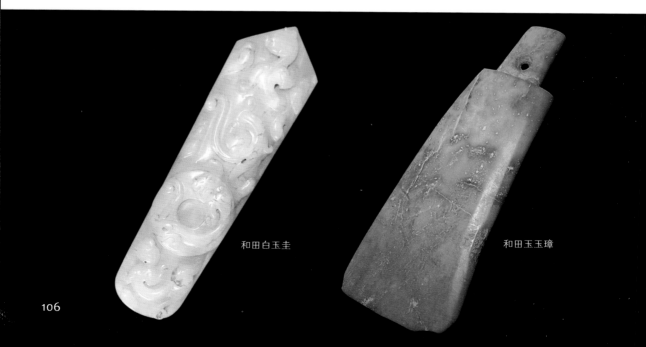

和田白玉圭　　　　　　　　　　　　　　和田玉玉璋

和田玉玉璋

大璋、中璋和边璋大小厚薄不同，分别用于不同的场合。通常大璋的全身都有纹饰装饰，于天子巡守、祭祀大山川时被使用；中璋器身上的大部分都带有纹饰，用来祭祀中等山川；边璋也就是小璋，通常只有一半的器身带有纹饰，是祭小山川时用的。

和田玉饰品

玉瑗

瑗也就是环，呈圆形板状，中间部分是一个大圆孔，《尔雅·释器》当中记载道："好倍肉谓之瑗。"这句话的意思是说玉瑗的孔径与边径的比例为2：1。瑗是一种请召的信物，《荀子》当中有"召人以瑗"之句。古时候天子召见诸侯，诸侯召见卿大夫时，会令使者携玉瑗而去，以作凭证。因此瑗成为了具有引导象征意义的物品。我们根据一些出土的瑗，可以分析得出瑗通常会被作为绳带的佩饰。

战国和田绞丝纹玉瑗

春秋和田玉玉环

玉环

从外形来看，玉环与璧非常相似，可是也有区别，这些玉器虽然都呈圆形板状，但是它们的孔径大小不同，在性质上的差异也很明显。《尔雅·释器》中记载："肉好若一谓之环。"即是说玉环的孔径和边的宽度一致。"环"和"还"在读音上是相同的，《广韵》中有"逐臣待命于境，赐环则还，赐玦则绝"的说法。在中国古代，人们佩环表明自己的生命、品质和才华像环一样周而复始、始终如一。

玉冲牙

玉冲牙呈薄片状，它的外形酷似长牙或呈角形，通常成对出现，与其他玉佩碰撞会发出非常悦耳的声音，西周后期成为玉组佩的主要构件。

玉玦

玉玦是一种杂佩玉，形似带缺口的玉环。玉玦中心通常有圆孔，但是位置不正，玉器呈扁圆形，因此被称为玦。玉玦最早出现于新石器时期。

出土位置以墓葬为最多，玉玦多被置于死者耳旁，无论玦径的差距多大，缺口的宽度通常是不变的，外缘口较大，内缘口较小。

玉扳指

玉扳指又称玉谍（音同"射"），古时射手通常将玉扳指佩戴于右手大指，用来钩弦射箭。玉扳指下端平整，上端通常呈斜面形，中间有圆孔，可以非常轻松地套在成年人的拇指上，背面有一道浅凹槽，可纳入弓弦。

玉扳指上多刻有精美的纹饰，另外还有小孔用来穿细绳系到手腕上面。后来，玉扳指的实用价值渐渐消失，成为了纯粹的装饰品。清朝的玉扳指通常由白玉或翡翠制成，上下两端齐平，有的带纹饰，有的无纹饰。

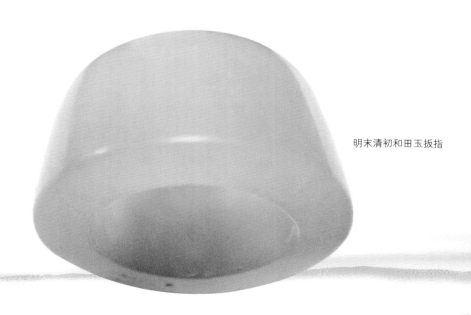

明末清初和田玉扳指

动物形玉饰

　　动物形的玉饰一般会采用远古人类经常见到的动物形象，经过一些艺术加工，比如说具体化或抽象化的艺术渲染最终制造出来的动物形玉饰显示了先人的艺术成就，其中掺杂着先民们对这些形象的强烈情感和真诚信赖，另外还能够看到先人心中执着的追求。

　　文明社会时期以动物为题材的玉饰变得越来越多了，制作也更加精美。这个时期的玉饰不仅能够作为佩饰，还会被做成耳饰与头饰，纹饰题材广泛，还有丰富的造型，题材包括鹿、牛、鸡、鹰、羊、蝴蝶、猴子、孔雀等常见的动物，还有龙、凤、饕餮、蟠螭等想象出来的神兽怪鸟。

和田籽料"比翼双飞"牌

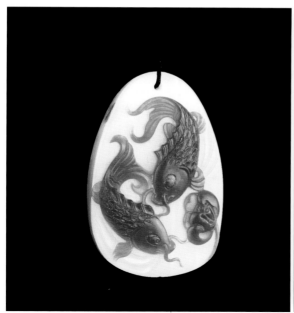

白玉"金玉满堂"牌

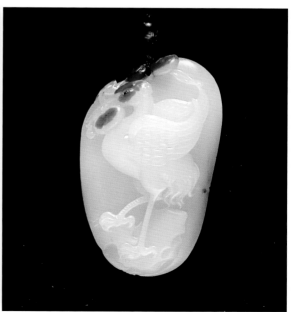

和田籽料"鸿运当头"吊坠

玉佩

　　玉佩通常是用来佩戴和装饰的，系挂在衣带之上，我国古代通常会选择形制较小的礼器作为佩玉，常见的佩玉类型有璧、璜、瑗、环、玦等。那些较小的片状玉器一般都可以被做成玉佩，然后打孔进行系挂。玉佩最早出现的时期是原始社会，在商周时期有了一定的数量提升，春秋时期则形成了杂佩。到了西周时期，佩饰文化有了一定的讲究，"组佩"就是在那个时候产生的。

玉组佩

　　玉组佩通常由多个玉佩组合而成。《大戴礼记·保傅》中有记录："上有双衡，下有双璜，冲牙玭珠，以纳其间，琚瑀以杂之。"这种组配主要佩系在胸腹间，长短不一，结构、部件也有不同的组合方式，玉佩的模式并不是固定的。玉组佩最早出现在西周时期，经春秋到战国最终达到全盛，成为东周时期非常有特点的玉器，在汉代以后逐渐衰落。

　　战国玉组佩非常具有代表性，包括珩、璜、冲牙、玭珠、琚瑀等部分。

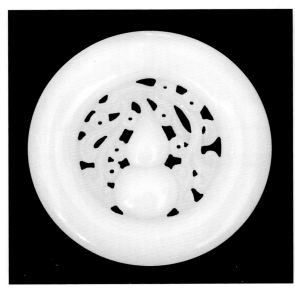

和田白玉"福禄"玉佩

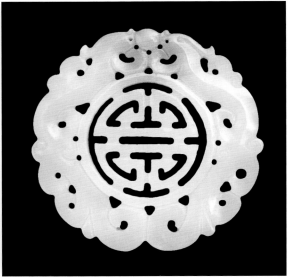

和田山料寿字镂空佩

玉带板

　　玉带板又称玉带銙，于战国时期便已有雏形，在唐朝迅速成熟，经历了宋、元、明的发展最终延续至今。

　　一条完整的玉带板包括鞓、銙、铊尾和带扣几个部分。鞓通常由皮革制成，銙则是镶在革带中间的方形或长方形的带板，铊尾指镶在革带两端的矩形带板。带扣通常由金属制成，另外也有使用玉料的情况。

　　玉带板通常都很华丽，带銙经历了能工巧匠的精雕细琢，这也是反映各时期的玉器制作水平的一个标志。

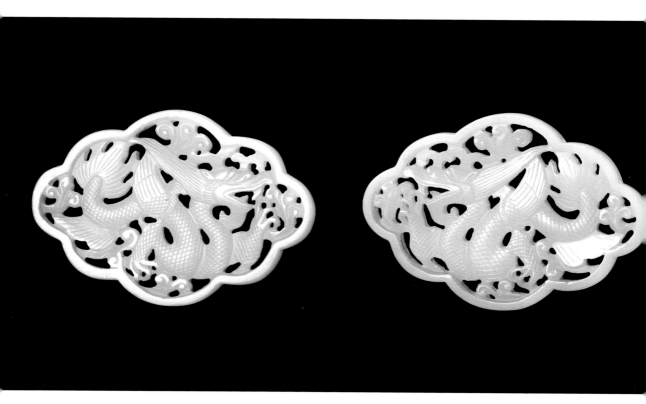

和田玉龙纹玉带板

和田玉带钩

玉带钩

玉带钩于古时又称犀比，钩端带有龙头造型，因此又得名"龙钩"。这种器物有两种用途：一种被安装在腰带上用以悬挂东西，形体细长；另一种是在腰带两端作束腰用的，形体宽厚，其材质一般分铜、玉两种。

玉带钩出现的时间有待确认。良渚文化遗址当中曾经出土过数件带钩形状的玉器，可是无法肯定是不是带钩。可以确定的是，在战国时期，带钩在中原地区的华夏族已经被广泛使用。到了魏晋南北朝时期，带有带扣的革带出现，玉带钩逐渐消失，又在宋朝重新出现，主要被使用在丝带上面。明清时期制作的玉带钩留存的数量颇大。

和田玉器皿

中国古代玉器皿通常分传统器皿、实用器皿与兽形器皿三种。传统器皿的种类有瓶、炉、熏、尊、簋等；实用器皿则包括酒具、茶具、餐具、杯、碗、壶、盏等；兽形器皿则有羊尊、兔尊、鸭罐、凤瓶、鸳鸯盒等。

玉杯

玉杯属于饮酒器，最早出现于西汉时期。在西汉南越王墓曾出土过一只角形青玉杯。

西汉时期的玉杯制作工艺精良，多使用浮雕与刻线相结合的琢制手法；唐宋后期玉杯的数量非常多，形制也非常丰富，有各式各样别致的纹饰和造型；明朝的玉杯雕刻得非常精致，杯的一侧或整个外壁都带有镂雕的装饰，镂雕部分面积较大；清朝玉杯式样极多，形态各异，许多杯还配有讲究的杯托，做工也是有精有劣。

和田玉杯

和田玉壶

和田玉"岁寒三友"壶

玉壶

　　玉壶相对常见，形制也较为多样化。玉壶象征着高洁，古诗中有许多关于玉壶的隐喻，比如说："清如玉壶冰。""洛阳亲友如相问，一片冰心在玉壶。"传世至今的有青玉八仙壶、青玉莲瓣壶、青玉婴戏纹壶等。

玉碗

　　随着时间的推移，玉器在形制上也有了发展和创新。玉碗具有多种样式，大小不一，清宫使用的玉碗特色更加鲜明，碗外还刻有御制诗甚至是开光的图案，以及使用错金、描金或镶金的工艺绘制的图案，较具有代表性的是百寿字盖碗，碗壁上刻有一百个描金的"寿"字。

玉罐

　　玉罐与玉碗相比，加工方法不够精细，多见素面，只有如莲花双耳罐、瓜棱罐等少数玉罐工艺较好。清朝宫廷的玉罐多被用作酒器。

玉瓶

　　玉瓶受宋朝仿古玉风气盛行的影响，仿造古玉器的情况比较常见。
　　清朝的古玉瓶不论是品种还是数量均达到了鼎盛，成为宫廷的重要陈设品，其中许多玉瓶的形制效仿古器，两侧多带有兽首衔环耳。

和田玉梅兰竹菊将军罐

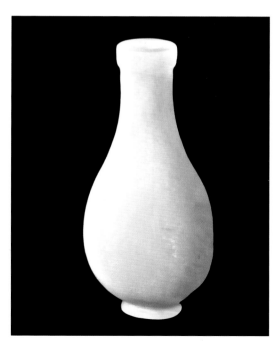

清代和田玉瓶

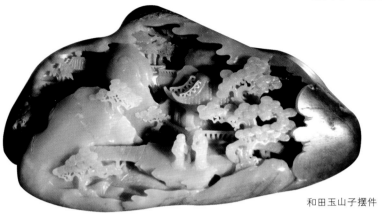

和田玉山子摆件

和田玉摆件

玉摆件即为作为摆设的玉器，具体包括玉熏炉、玉山子、玉簋、玉瓶、玉鼎、玉觚、玉觥等。玉摆件多见于清朝，商朝也曾经出现过无穿孔小件圆雕玉器，这种玉器其实也是陈设玉器。清朝时期仿照古代青铜器样式制作的仿古玉，通常都是用来陈设的。

玉山子

玉山子的体积很大，通常以整块玉石作为原料，继而雕刻出山水景致。玉山子当中有山林、清泉和屋舍等风景，也有人物、动物等内容，立体感强，形制精美。在明清时期，玉山子是居室当中的重要摆设。说起最著名的玉山子作品，应是故宫博物院珍藏的"大禹治水图"，这件作品的题材是大禹率领百姓劈山治水的故事。这件作品的玉料采自新疆和田地区的密勒塔山，历经3年才被运到北京，然后又被转送到雕玉高手云集的扬州，根据清宫的造办处提供的纸样、蜡样和木雕样进行制作，于乾隆五十三年（1788年）最终制作完成。通常玉山子从设计、运输、雕刻到刻字、安陈，会花费八年左右的时间，再加上运输籽料的时间则需要十多年。

玉屏风与玉插屏

玉插屏通常由雕刻成方形或者圆形的薄片安插到玉架或木座上做成。在河北定州的东汉时期中山穆王墓当中曾经出土过一件玉屏，它同样是被最早发现的玉屏。这扇玉屏上雕刻着西王母和东王公的神话传说，图案造型深受东汉石刻文化的影响。

玉如意

如意通常由金、玉、竹、骨等材质制作而成，上端雕刻出灵芝形或云形，柄微曲，用来陈设或把玩。玉如意最早出现于东汉时期，脱胎于搔杖，于魏晋南北朝时期盛行一时，一直到清朝仍是重要的陈设品，寓意吉祥。

玉觚

玉觚是仿照古青铜器做成的一种器物，常见三棱、六棱、八棱形制。故宫博物院收藏着一件明朝时期的玉八出戟方觚，同样是仿制青铜器样式做成的，属于一种很罕见的陈设玉器。明朝时期还有仿制商周青铜器制作的玉荔枝纹匜，是一种盥水器，有瓢的作用。这种玉器作为一种陈列品，同样失去了原有的功能。

和田玉如意摆件

玉铺首

　　玉铺首为用于门上的装饰品，最早流行于汉代。工匠采用浮雕和镂雕相结合的方式，在玉铺首表面雕琢出兽面纹、龙纹、辟邪神兽等狰狞肃穆的图案。

人物摆件

　　中国古代玉器当中的人物摆件非常多见，人物形象丰富，姿态千差万别，神情特点各异，着装风格独具特色，无不体现着当时的时代特征，从侧面反映出当时的社会风俗和经济状况。

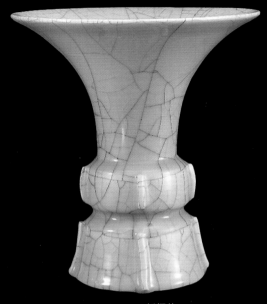

和田玉玉觚摆件

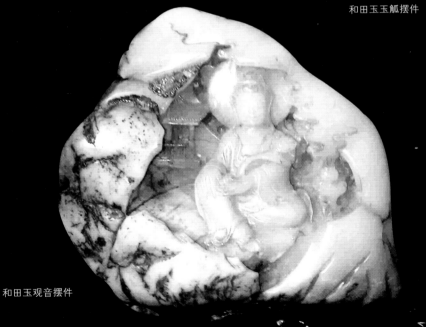

和田玉观音摆件

　　摆件的题材不仅包含现实生活中的仕女、老人和儿童，还常以飞天、佛祖、菩萨和神话传说作为内容，或夸张，或写实，都体现了艺术的和谐之美。

和田玉拄杖人物摆件

和田玉动物摆件

动物摆件

　　动物玉雕通常由圆雕的手法雕刻而成，所刻画的动物有真实的，也有虚构的。题材包括现实生活中的动物，如虎、狮、豹、熊、鹿、象、狼、犀牛等野兽，猪、马、牛、羊、狗、鸡、鹅、兔等禽畜，以及龟、鱼、蛙、蟾等；还有一些传说或虚构的动物，比如说龙、凤、麒麟、辟邪、天禄等奇禽异兽。

植物摆件

　　比起人物摆件和动物摆件，玉雕植物摆件出现的时间更晚，于唐代之后迅速增多，包含圆雕和浮雕等多种工艺手法。

　　植物摆件的艺术塑造手法以写实为主，题材多选择葡萄、石榴、寿桃、葫芦、橘子、灵芝、莲花、牡丹等，这些都是寓意吉祥的植物，萝卜、白菜这样的蔬菜也很常见。台北故宫博物院收藏的翡翠玉白菜，是中国古代玉制植物摆件的代表。

和田玉植物摆件

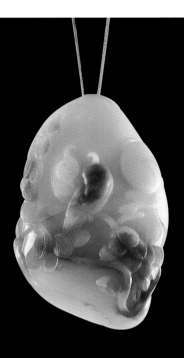

观音挂坠

重量：14.2 克

参考价：1.5 万 ～ 2 万元

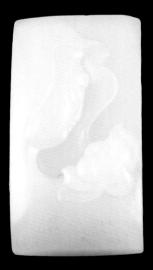

莲花观音牌

重量：29.1 克

参考价：2 万 ～ 3.6 万元

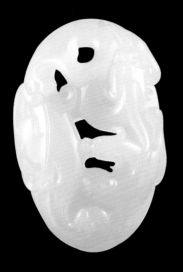

双螭鸡心佩

重量：38 克

参考价：9800 元 ~ 1.5 万元

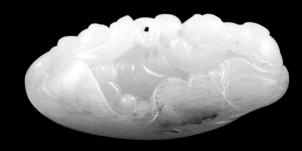

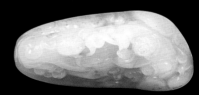

"童子戏莲" 把件

重量：93.6 克

参考价：2 万 ~ 2.8 万元

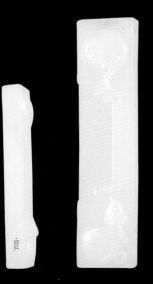

宜款双鼠挂坠

作者：郭万龙

重量：12.7 克

参考价：2.2 万 ~ 3 万元

和田玉精美雕件欣赏

双鱼挂坠

重量：11.4 克

参考价：4.8 万 ~ 5.2 万元

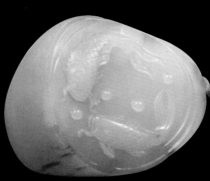

兽纽章料

重量：14 克

参考价：8800 元 ~ 1 万元

素面手镯

圈口：5.8 厘米

重量：58.6 克

参考价：12.5 万 ~ 13.8 万元

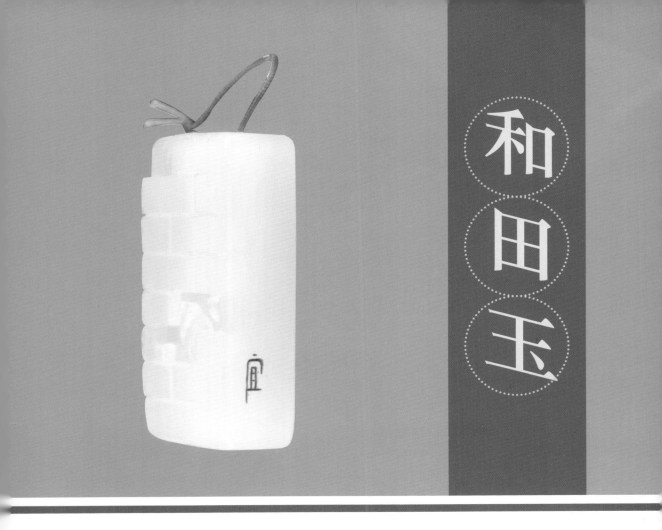

和田玉

第五章

去伪存真
——和田玉的鉴别技巧

　　我国的和田玉文化历史悠久，蜚声中外，琳琅满目的和田玉艺术品，是中华民族灿烂文化的组成部分。自古以来，和田玉一直深受我国人民的喜爱。随着人民生活水平的日益提高，和田玉市场变得异常火爆，玉价也一路飙升。可人们往往缺乏辨别真伪的慧眼，那么怎样才能选购到货真价实的和田玉器呢？总的来说，要想对和田玉器进行准确而科学的鉴定，需要从质地、颜色、刀工、纹饰与器形等方面着手。一般来说，在其他条件相差无几的前提下，尺寸大的总是比尺寸小的价值高，品相好、完整无缺的总是比品相差、有残缺的价值高。我们不仅需要了解各时代和田玉器的品种、材质、造型、纹饰及工艺等方面的特点，还要对仿古玉器的历史及制作工艺有充分的认识。

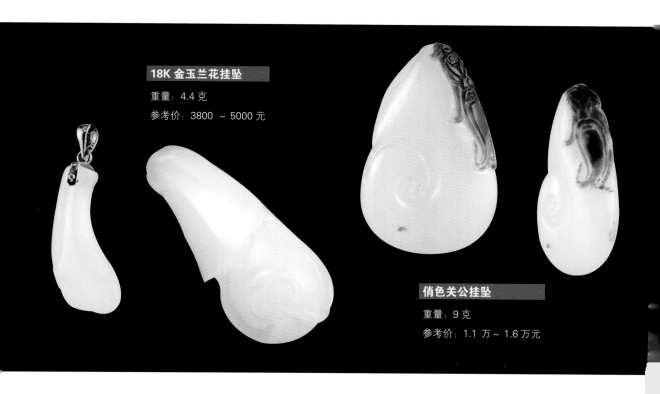

18K 金玉兰花挂坠

重量：4.4 克

参考价：3800 ~ 5000 元

俏色关公挂坠

重量：9 克

参考价：1.1 万 ~ 1.6 万元

吉祥挂坠

重量：21.6 克

参考价：1.8 万 ~ 2.6 万元

"代代封侯"挂坠

重量：18.6 克

参考价：5800 ~ 8800 元

和田玉的优劣鉴别

要鉴定和田玉的优劣，需要从六个方面进行判断：形状、颜色、质地、绺裂、杂质成分、玉质分布。

形状

根据玉料的实际情况来说，籽玉的品质最高，山流水次之，山玉品质又低于山流水。当然，具体还要结合其他的因素来判断玉料的品质。玉石可根据不同的审美需求，加工成不同的样式，无特定标准。一般来说，玉石的个头愈大愈好。通过鉴定玉料的外表也可在一定程度上辨别其内部的优劣，如通过观察玉料凹洼处的质地和颜色来推敲其内部的构成。一般来说，玉石的外表与内部的质地和颜色相差不大。

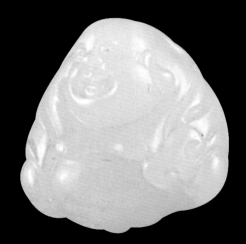

原籽小佛挂坠

重量：6 克

参考价：3500 ~ 5000 元

颜色

　　和田玉有白玉、黄玉、青玉、碧玉、墨玉之分，一般来说，在质地相同或相近的情况下，白玉为贵，黄玉次之，青玉和青白玉等品种的价值就要低些。即便同是白玉，也要看其白的程度和纯度，如果白中闪青或白中带灰，也会影响到玉的价值。不过颜色并不是决定和田玉价值的最终因素，和田玉品质的优劣主要还是由质地来决定。

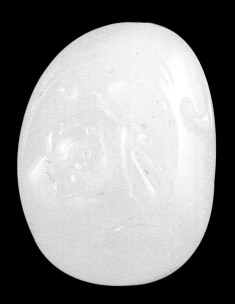

龚款"旗开得胜"挂坠

作者：龚克勤

重量：17.8 克

参考价：4.8 万 ~ 6 万元

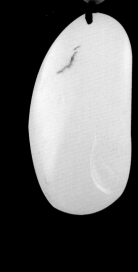

龚款原籽玉兔挂坠

作者：龚克勤

重量：11 克

参考价：3 万 ~ 5 万元

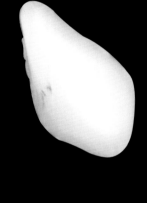

龚款原籽"一路连科"挂坠

作者：龚克勤

重量：9.8 克

参考价：3 万 ~ 5 万元

质地

　　质地是鉴别和田玉优劣的最重要标准。上好的和田玉看上去很软，手感温润，但实际上却很坚硬。业内人士通常以"坑、形、皮、性"等特性来判断玉料的质地。

　　其中的"坑"是指玉的产地。众所周知，和田玉来自新疆，但是因其具体的产地不同，玉的质量也是千差万别的，其外貌特征也不一样。比如戚家坑的玉色白而温润，而杨家坑的玉外带栗皮，内色白而质润。

杂宝手串

重量：53.5 克

参考价：5 万~ 7 万元

"形"是指玉的外形。因为和田玉的产状和类型不同，其外形也是不一样的。山流水料、戈壁滩料、籽料等长年受风吹、日晒、水浸，导致玉质较纯净，多是好玉。尤其是籽料中的羊脂籽玉，其润美为其他玉种不可比。

"皮"是指玉的外表特征。玉本无皮，外皮指玉的表面，它能反映出玉的内在质量。质量好的和田白玉应是皮如玉，即皮好内部玉质就好，皮不好里面也难有好玉。

"性"是指玉的内部结构，即组成玉的微小矿物晶体的颗粒大小和晶体形态的排列组合方式。越是好玉越没有"性"的表现，玉性实际上是玉的缺点，好的籽玉无"性"的表现。

和田玉的民间鉴定法

在民间也有很多有效鉴别和田玉的方法，下面介绍五种实用而简便的民间鉴别法。

1. 清水鉴别法

在玉上滴一滴清水，如水成露珠状久不散开，说明此玉质量上乘；反之，若水滴很快消失，则说明此玉质地很差。因为上乘玉料结构致密，难以吸水，而石头质地疏松，容易吸水。

2. 触摸法

由于玉石质地细密，密度大，拿在手里掂一掂，会有沉重的下坠感，相同体积的玉比石头显得更沉重。对于质量上乘的玉，用手或面颊去触碰，会有冰凉润滑之感。

3. 透视观察法

如果没有什么经验，可以将玉置于对着阳光、灯光，或手电筒的光的位置，仔细观察，如果玉石颜色剔透、透色分布均匀，基本上可以断定其为真玉。

4. 舌舔法

用舌尖舔一舔玉，真玉会让人有涩涩的感觉，而石头则没有。

原籽手串

重量：72 克

参考价：2.8 万 ~ 3.8 万元

金蟾珊瑚手串

重量：38.7 克

参考价：2 万 ~ 3.8 万元

陈性《玉纪》中记载道："其玉体如凝脂，精光内蕴，质厚温润，脉理坚密。"这就是好玉的特征。白玉像羊脂、像猪油，黄玉像鸡油，油油的、酥酥的。和田玉与翡翠不同，翡翠讲究鲜明光亮、光泽外射，而和田玉讲究的是温润，它的光泽在内。和田玉的结构坚实细密，坚硬不吃刀。上等的和田玉外观细腻，反之，质地很粗、内里不含精光、外表不细腻温润的便是劣质玉。

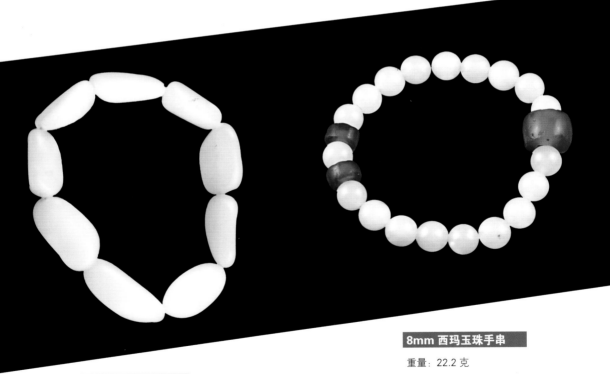

8mm 西玛玉珠手串

重量：22.2 克

参考价：1.8 万 ~ 2.6 万元

原籽手串

重量：31.6 克

参考价：5 万 ~ 7 万元

德款兽面挂坠

作者：吕德

重量：3.8 克

参考价：1.1 万 ~ 1.6 万元

绺裂

　　绺裂对和田玉的影响也非常大，它会影响玉的价值。玉的绺裂一般可分为死绺裂和活绺裂，死绺裂指明显的绺裂，活绺裂则是细小的绺裂。对明显的绺裂的处理方法如同对瑕疵一样，尽量去掉，死绺好去，活绺难除。玉一般以无裂绺为佳，稍有裂绺次之，裂绺较多则较差。

貔貅戒指

重量：5.5 克

参考价：1.1 万 ~ 1.5 万元

杂质成分

常见的杂质为铁质和石墨，多分布于裂纹处，呈褐色或褐黑色，肉眼可辨。石墨多呈黑色，分布于墨玉中。和田玉中的杂质也会影响玉石的质量。人们普遍认为没有杂质的和田玉为上品，稍有杂质次之，杂质较多则较差。

玉质

我们经常会看见一些和田玉上有的部分质地好，有的部分质地差，这种现象即为玉的阴阳面。玉的阴阳面是由玉在形成过程中受到了围岩的影响所导致。阳面指玉质好的一端，也叫堵头、顶面。阴面指玉质次的一端，属于接触围岩的部分，多有串石。阴阳面在山料和山流水中表现明显，在籽玉料中则不太突出。

玉珠 108 颗 6.5mm 佛珠串

重量：53 克

参考价：2.8 万 ~ 3.5 万元

如何在灯光下识别和田玉

在明亮的灯光下，玉器的大小裂纹和玉纹以及脏点、玉花等瑕疵都能被看得清清楚楚，顾客不至于买回残次品。如果在灯光不佳的地点买玉器，最好准备一支聚光电筒。

灯光下的玉器显得很美，会将玉器的档次提高。尤其是紫罗兰玉器，原本的淡紫色会显得更浓。但将同一件玉器再置于普通光线中，会马上感到等级降低，甚至令人大失所望。

和田玉与其他相似玉的区别

　　和田玉和陕西蓝田玉、河南南阳玉、甘肃酒泉玉、辽宁岫岩玉并称为"中国五大名玉"。和田玉是一种软玉，俗称真玉。和田玉的化学成分是含水的钙镁硅酸盐，硬度为 6～6.5，密度为 2.96～3.17。市面上假冒和田玉的情况很多，有用石英料、西峡玉、阿富汗玉、青海玉、俄罗斯软玉、戈壁玉等充当和田玉的，更有甚者以玻璃来冒充。下面我们就简单介绍一下市面上常用于冒充和田玉石的玉料。俄罗斯软玉目前的价格不比和田玉低，所以，用俄料冒充和田玉料的年代已成为过去时，这里也就不细说它与和田玉的区别了。

马来玉饰品

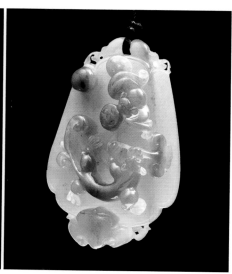

三彩翡翠"福寿"吊坠

老青海玉贵妃牌子

岫玉摆件

1. 阿富汗玉比重较轻，属于白色石英岩，质地比和田玉松散，光泽较亮，属玻璃光泽，颜色一般为纯白色，价值比较低。阿富汗玉乍一看很像和田玉中的羊脂玉，表面被做成亚光状时，看起来润度也很好，但是它的硬度很低，只要在玻璃上一划，玉体便会受损。

2. 青海玉比和田玉的比重略轻，质地接近，光泽较亮，缺乏羊脂玉那般的凝重感觉，经常可见透明水线。青海玉的颜色也稍显不正，呈偏灰、偏绿、偏黄色。玉料基本都是山料。仔细观察内部结构就能发现它与和田玉的不同之处。但从地质学角度看，青海玉与和田玉的构成是相差无几的。

3. 岫玉即蛇纹石玉中的白色玉，与和田玉玉质相近，但是硬度较低，容易区别。

4. 用来冒充翡翠的马来玉（马来西亚玉），实际上并非马来西亚所产玉石，马来玉属于人工合成的染色石英岩硅化玻璃。玻璃的硬度够，做得也很漂亮，但是润度和光泽都很生硬，完全不具备和田玉宝光内敛的特质。

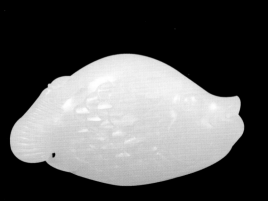

"连年有余"挂坠

重量：8.2 克

参考价：8000 元 ~ 1 万元

龙牙挂坠

重量：9.1 克

参考价：1 万 ~ 1.5 万元

佛挂坠

作者：马一天

重量：31 克

参考价：1.8 万 ~ 2.3 万元

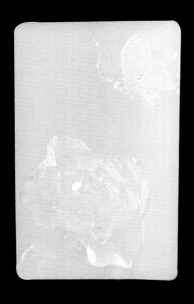

蝶恋花牌

重量：12 克

参考价：7200 ～ 9800 元

招财佛挂坠

重量：9.6 克

参考价：2500 ～ 4000 元

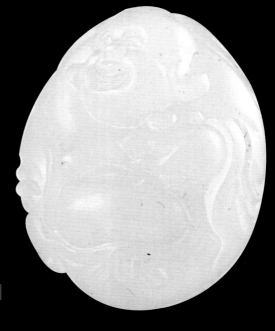

古玉和新玉的鉴别方法

现在市场上很多人将新玉做旧，当作旧玉来卖，使许多和田玉收藏者蒙受了经济上的损失。那么到底怎样区分新旧玉器呢？下面我们就简单介绍几种方法：

清代背云

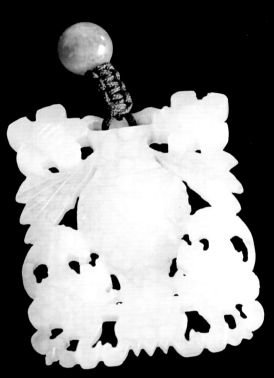

清代平安佩

宋朝青玉剑首

1.由于旧玉器流传的时间很长，在其边角处就会产生一些小腐蚀点，又由于受到了人们长时间的把玩，这些腐蚀点经过人手上汗珠的浸染，会变黄或变红，而且手感自然、舒适。新玉的边角处有工具打磨的残痕，带锋利的尖角，触摸时会有明显的扎手之感。

2.旧玉器多是由古代的工匠精雕细琢出来的，线条流畅自然，触感细腻温润。但是新制作出来的玉器线条过渡不均匀，外观甚至有崩裂的痕迹。

战国时期的玉虎符

3.旧玉质地上乘，手感温润，很多古代玉器都是以白玉为材料制作而成的。现在的白玉价格昂贵，是难得的珍品，因此很多新玉都是用青白玉、白玉的边角料或其他地方所产的玉制成，甚至有以化学合成品仿制的情况，在市场上鱼目混珠，蒙骗消费者。值得一提的是，很多造伪者技艺高超，达到了以假乱真的水准，致使很多专家都无法对玉器的年代做出准确判断。

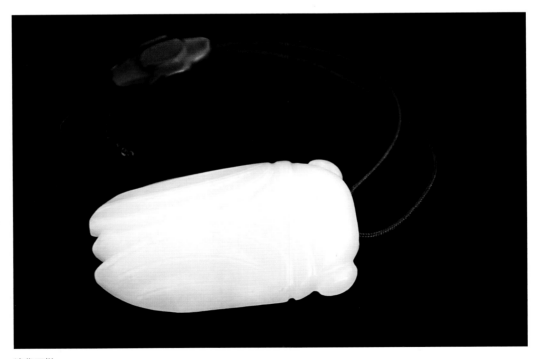

清代玉蝉

汉款"一品清廉"挂坠

作者：汉皇玉苑

重量：15 克

参考价：2.88 万 ~ 4.5 万元

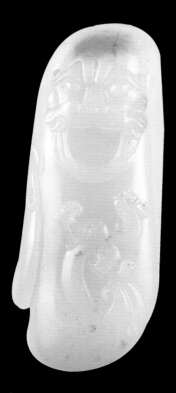

铭款"带子上朝"挂坠

作者：黄铭

重量：47 克

参考价：2.8 万 ~ 3.6 万元

仿古对牌

作者：陈冠军

重量：单 6.4 克，双 12.8 克

参考价：1.8 万 ~ 2.7 万元

原籽项链

重量：46 克

参考价：1.2 万 ~ 1.7 万元

玉珠 108 粒 9.5mm 佛珠

重量：150 克

参考价：1.5 万 ~ 2.3 万元

玉珠 108 粒 8.5mm 佛珠

重量：103 克

参考价：2.8 万 ~ 3.6 万元

兽面手串

重量：55 克

参考价：2.7 万 ~ 3.5 万元

汉款巧雕原籽罗汉挂坠

作者：汉皇玉苑

重量：28 克

参考价：3 万 ~ 3.8 万元

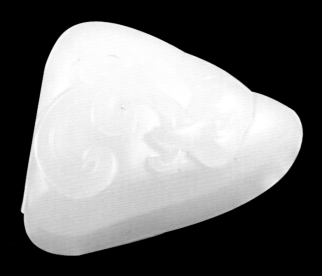

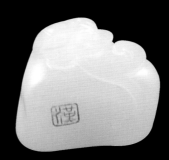

汉原籽"鹅如意"挂坠

作者：汉皇玉苑

重量：15 克

参考价：3.18 万 ~ 4.2 万元

汉款原籽凤挂坠

作者: 汉皇玉苑

重量: 22 克

参考价: 3.98 万 ~ 5.6 万元

宜款鼠来宝牌

作者: 郭万龙

重量: 14.7 克

参考价: 1.28 万 ~ 1.8 万元

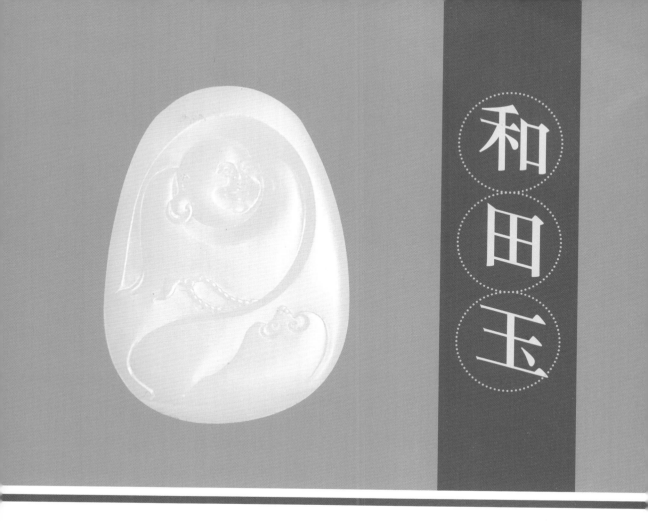

和田玉

收藏有道
——和田玉的收藏与保养

漫谈和田玉市场

　　和田玉市场前景十分乐观，具有很大的升值空间，但不得不提醒收藏爱好者，任何投资都不能百分之百地规避风险。现在收藏和田玉的人不断增多，但是随着和田玉市场的繁荣，出现了很多鱼目混珠的现象。希望更多的收藏者可以本着以爱好为主、赚钱为辅的价值观去收藏玉器。以赚钱为主的投资者也应该加深对和田玉的研究和认识，提高自身鉴别水平，不要轻易下手，同时也要做好承担风险的心理准备。

籽料素镯

重量：82 克

参考价：9800 元 ~ 1.35 万元

籽料素镯

重量：114 克

参考价：1.18 万~ 1.78 万元

　　和田玉器因其深厚的文化沉淀和独特的历史内涵而广受人们的关注，近千年来一直是被仿制的对象，现在市场上的很多古玉仿制品都达到了以假乱真的程度，甚至连刀工都模仿得惟妙惟肖。

观音牌

重量：48.5 克

参考价：2.5 万~ 3.2 万元

在一些规模较小的拍卖会上，会出现部分以新的和田玉器假冒古代和田玉器的情况，但是玉器的质料好，做工精细，拍卖的价格也算合理，古器年代介于古代和现代之间。当然市场上还有很多由低档玉料制作成的产品冒充的和田玉器，这些劣质的和田玉仿冒品价格很低，通常在几十元到几百元之间，但是其产量很大，容易给和田玉爱好者造成误导。

和田玉现在已经成了投资者瞩目的对象，但是古玉真品难觅，而在明清玉器的价格不断上扬的形势下，收藏现代和田玉器无疑成为投资保值的明智选择。明清时期的玉器经过人们多年的追捧，价格不菲，而现代和田玉器的价格仅为明清时代玉器价格的十分之一，投资者正好可以低价入手。相对而言，新玉市场的火爆程度也远远大于古玉市场。但是和田新玉市场有很多陷阱，商家用青海料、俄罗斯料、独山玉、石英岩类玉石、方解石类玉石和玻璃等材质假冒和田玉的情况屡见不鲜，而且和田新玉自身的品质不一样也会造成价格的差异。一般来说，收藏新玉时主要看玉料的质地和雕工的优劣，如今的新玉市场有诸多陷阱，涉足此领域一定要小心谨慎。辨析玉料时，若没有专业知识以及常年玩赏和田玉所积累的经验，的确有些困难。所谓千种玛瑙万种玉，玉石的种类之多令人难以分辨。

15mm 手持串珠

重量：125 克

参考价：1.58 万 ~ 2.6 万元

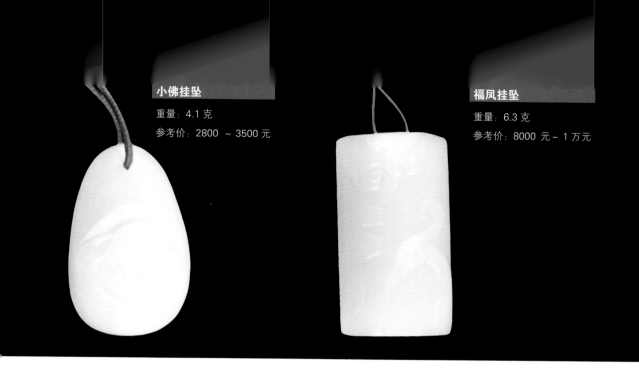

小佛挂坠

重量：4.1 克

参考价：2800 ～ 3500 元

福凤挂坠

重量：6.3 克

参考价：8000 元～ 1 万元

　　和田白玉在新玉市场上价格很高，许多人认为白玉越白价格越高。需要注意的是，和田白玉的价值除了会受到色度的影响，还须依据其润性、硬度、韧度等性质来进行判定。同为和田籽玉，在色度相差不远的前提下，其余几项就显得尤为重要。玉器在加工完成后，其价值的高低还取决于琢制工艺的水准和有无绺裂、瑕疵情况。

　　对于新玉来说，工艺很重要。传统雕琢工艺有北京工、苏州工、扬州工，现在又新添了上海工、湖州工、徐州工等讲究。不同地方的雕工价格也不一样，人们普遍认同的传统苏州工、北京工、扬州工价格自然高。上海雕工虽然加工能力不太高，但其工艺较稳定，加工渠道较正规，所以工价也很高；扬州的加工量虽然没有苏州大，市场也没有苏州活跃，但传统的扬州师傅仍是主流。苏州、扬州是我国传统玉雕技术精髓的聚集地，赫赫有名的陆子冈、郭志通、姚宗仁等均出身于苏州专诸巷玉工世家。专诸巷玉器玉质晶莹剔透，细腻润泽，平面镂刻是专诸玉作的一大特点，其薄胎玉器技艺更胜一筹。苏州的玉雕以小巧玲珑取胜，而扬州的玉雕则以大玉器见长。扬州玉山子的艺术特色明显，琢玉师将绘画艺术与玉雕技法融会贯通，注重对形象的准确刻画和对内容情节的描述，讲究构图透视效果。

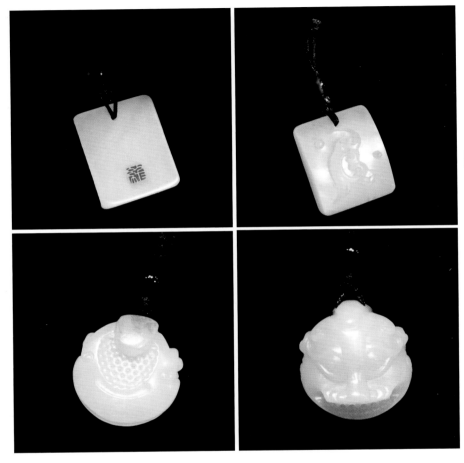

纤款图腾挂坠

作者：葛洪

重量：4.3 克

参考价：9000 元 ~ 1.3 万元

美石款辟邪兽挂坠

作者：蒋喜

重量：12.3 克

参考价：1.8 万 ~ 2.3 万元

　　收藏者在购买和田玉器时，一定要请个行家帮助分析，因为近几年许多人见贩玉有利可图，就用劣质玉冒充和田玉来牟取暴利，有的商贩用俄罗斯玉、河南玉冒充，甚至有人会用卡瓦石、东陵石来冒充和田玉。一些骗子的手法繁多，有人把捡来的石头放在废弃的变压器机油中浸泡，这种浸了油的石头的手感和真正的玉石差不多，甚至连一些专家都受到了蒙骗。

　　在和田玉市场上，有时还存在着新玉比老玉价格高、重皮不重玉、玉器论白论克卖等特殊现象，喜欢收藏玉器的人需要对此加以注意。

第六章　收藏有道

　　和田新玉的价格有时比老玉高。一些中低档老件，如小帽花、带钩、扁方等一般只卖几十至几百元钱一件，而以新玉仿制的这些东西价格反而比老件高，因为做工的价格就很高。当然，中高档老件的价格还是要高出新玉一些的。在市场上买老玉时，尽量要拿到行内价，也就是所谓的内部价，不能被"斩"。

　　在不能明辨和田玉料时，也不可只凭借皮子来判断其是否为籽玉，反而忽视了玉质本身。有人偏爱满皮或大红皮的玉料，这样的皮子里如果是没毛病的好玉种，价格是奇高的，但这样的皮子即使全是真皮，内里如果没有好的玉种，也是没有意义的。这种趋势直接掀起了造假皮的风气，一些所谓的皮张是山玉滚成籽玉模样，再经过烤色变成的。因此，在收购和田玉器时，要注意提防这些虚假行为。

八仙手串

重量：39.3 克

参考价：4 万 ~ 4.5 万元

18K 金和田玉戒指（貔貅戒面）

参考价：6000 ~ 8000 元

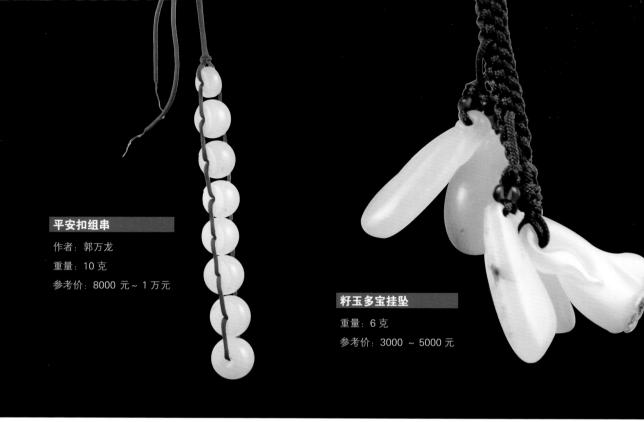

平安扣组串

作者：郭万龙

重量：10 克

参考价：8000 元 ~ 1 万元

籽玉多宝挂坠

重量：6 克

参考价：3000 ~ 5000 元

收藏和田玉的意义

     随着社会的不断发展，人们的生活水平日益提高，对精神文化的需求越来越强烈。常言道："乱世藏金，盛世藏玉。"和田玉高贵、神秘、美丽，是中华民族极其宝贵的物质和文化财富。玉石的收藏已经成为了一种社会潮流，玉石的价格也一路攀升，获得了很多投资人的青睐，这是因为玉石的原材料日渐稀少甚至不可再生，还因为爱玉、玩玉、赏玉、藏玉之人日渐增多。

和田玉作为玉石之王，并不像金条、股票和基金那样，只有纯粹的经济价值，不像陶瓷需要精心呵护，也不像书画容易受潮发霉腐烂。和田玉器有着得天独厚的文化内涵，是难得的艺术珍品。很多和田玉器都小巧玲珑，既便于收藏，又可以把玩，其工艺价值、人文价值和审美价值更是非同凡响，不能以金钱来衡量。因为每件和田玉器的材质和雕琢的风格各不相同，使得每件和田玉作品的造型都非常独特，纹饰更是形态万千，独一无二。一些上等的玉料再配以精致的雕工便成为了难得的珍品，引得无数投资者关注，其价值也必然会随着时间的推移而变得难以估量，相对陶瓷和书画等艺术品，玉石的真假优劣还是比较容易辨识的。和田玉的质地坚韧密实，硬度很高，如果不故意去破坏的话，轻易不会损坏。和田玉的保养工作比起其他的收藏品要简单得多。

兽面手排

重量：68 克

参考价：9800 元 ~ 1.3 万元

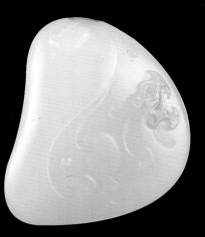
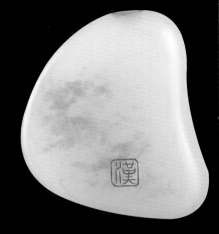

汉款原籽龙挂坠

作者：汉皇玉苑

重量：12.5 克

参考价：3.18 万 ~ 5 万元

脂白籽玉管

重量：3 克

参考价：3000 ~ 5000 元

龙纹扳指一套

重量：138.1 克

参考价：3.5 万 ~ 4.2 万元

选购和田玉时的注意事项

看玉质

　　玉质是判定和田玉好坏的根本原则。中国古人对玉质和沁色的要求也很高，将玉质视为根本。"皮之不存，毛将焉附？"现在好多浆皮籽料颜色倒是很漂亮，但买玉重玉质才是根本，不要舍本求末。

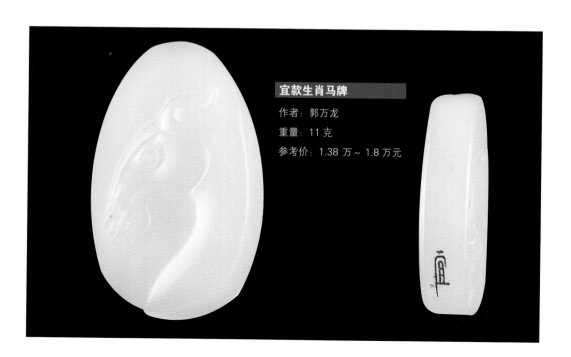

宜款生肖马牌

作者：郭万龙

重量：11 克

参考价：1.38 万 ~ 1.8 万元

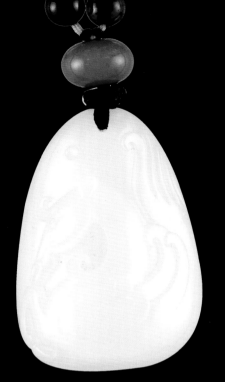
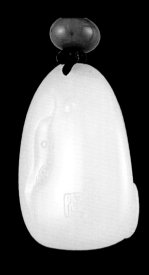

汉款原籽天马挂坠

作者：汉皇玉苑

重量：19 克

参考价：4.8 万 ~ 6 万元

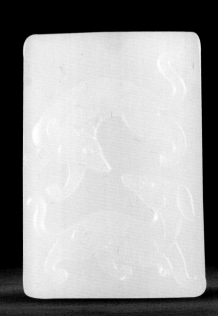

宜款双狗生肖牌

作者：郭万龙

重量：26.8 克

参考价：4.38 万 ~ 5 万元

　　和田玉跟大多数玉石一样属于矿物集合体，其质地细腻与否对其品质影响很大。多数玉石的组成晶粒结构紧密，晶粒的形状和结合方式对质地有很大影响。玉石晶粒通常呈粒状、片状、针状、块状或纤维状，晶粒之间或有序排列，或无序排列，形式多样。这些晶粒既可以是同种矿物晶粒，又可以是不同种矿物晶粒，情况复杂。好的和田白玉晶粒一般间隙小、粒度匀，透光性一致，显微镜下裂隙小，看上去油润细腻，密实坚韧，滋润光洁。但是因为上好的和田白玉极其稀少，已经被很多收藏家收藏了起来，轻易不拿出来示人，所以在市场上非常少见。

和田玉黄玉的选购要诀

　　在选购黄玉时，要注意几个要诀：

　　1. 观察它的颜色，一般来说，颜色越黄则品质越高，好的黄玉颜色纯正，没有杂色或者稍带其他颜色。

　　2. 注意黄玉是否内含杂质，观察其表面的结构是否完整，有无缺口或者裂缝，但不能光凭肉眼观察，因为有些裂缝是肉眼看不出的。

　　3. 有些玉石经过辐射是可以"变成"黄玉的，而人工黄玉价值肯定不比天然黄玉，所以一定要确定准备购买的黄玉是天然的。

　　在日常保养中，一定要注意经常清洗黄玉首饰。黄玉的硬度相对比较高，可以用软布清洗，甚至可以用刷子来清洁，在清洁之后，将玉石放在酒精中，可以让玉石更加透澈。

看颜色

　　颜色也是收藏家重点考察的对象之一。和田玉的颜色很丰富，有羊脂白、白、青白、青、绿、墨、黄、糖等颜色，往往是颜色越白其价值越高，羊脂玉价值最高。但同样是羊脂玉，因质地细润程度和透明度的不同，工艺品的价格也很悬殊。羊脂白玉中以带皮色的籽料最具收藏价值。除带皮和田籽料外，和田山料及俄罗斯山料中的糖色玉也备受业内人士喜爱。

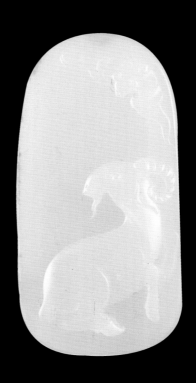

宜款"洋洋得意"牌

作者：郭万龙

重量：19 克

参考价：2.3 万 ~ 3.5 万元

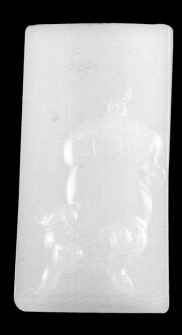

宜款生肖猪牌

作者：郭万龙

重量：27.6 克

参考价：4.58 万 ~ 6 万元

看工艺

　　工艺是收藏家判断玉器价值的重要因素。每一块和田玉的玉料都有其独有的特性，琢玉大师如果善于把握玉料的特性，就能全面展现玉料的工艺价值。"玉不琢，不成器。"雕工是工艺品的"灵魂"，也可以说雕工的好坏决定着玉件的价值。在将一件玉器定为收藏目标前，不仅要考虑玉石材质的稀有性，还要考虑适合玉料的工艺加工方法。那些浸透着智慧与创意，显示着娴熟功力之作具有较高的收藏投资价值。除此之外，还要看玉器上是否有严重的瑕疵和绺裂，对艺术品的主题有无影响。对于这些严重的玉料缺陷，大师们在雕琢时一定会想办法掩饰（挖脏去绺），是处理得干净利落，还是"拖泥带水"，对这件工艺品的价值有很大影响。

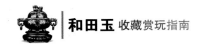

看琢玉师

　　看琢玉师，就是要寻求名师的佳作。在收藏字画的时候，收藏者普遍倾向于寻求艺术大家的杰作，对于和田玉的收藏也不例外。通常来说，玉雕工艺大师具有深厚的艺术功底，创作经验丰富，雕琢技艺高超，艺术风格别具一格。对于相同的玉料跟题材，即使工艺标准都一样，出自不同琢玉师之手的作品的风格也不尽相同，技术水平也是参差不齐的。因为琢玉师的个人喜好不同，生活背景千差万别，擅长的琢玉技巧不一，所以他们创作出的作品也会呈现出强烈的个人色彩。技艺高超的琢玉大师的作品都是纯手工制作的，他们一年之中能够完成的作品非常少，作品的升值空间更是不可估量的。现在和田玉的原材料日渐稀少，出自琢玉大师之手的作品的价格必然会呈倍数增长，因此在收藏和田玉作品的时候，一定要对琢玉大师之作格外留意，其升值的空间不可限量。

原籽巧雕"英雄独立"挂坠

重量：42 克

参考价：1.68 万 ~ 2.6 万元

宜款双兔牌

作者：郭万龙

重量：16.7 克

参考价：3.98 万 ~ 5.2 万元

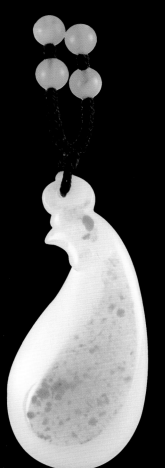

"大吉大利"挂坠

重量：6.7 克

参考价：9800 元 ~ 1.3 万元

看寓意

　　看寓意，就是要看你准备购买的作品所体现出的人文价值或者思想价值。玉雕不是一件普通的商品，而是有着深邃的文化内涵和寓意，有着浓厚的文化品位的艺术品。许多玉器都会表现民间大众祈福纳祥、趋吉求安和禳灾避祸、驱邪除祟的良好愿望，这种主题也迎合了世人求吉、纳财、祈福、佑祥的心理。

　　在选购玉器的时候，最好选择既能体现传统文化又能同时代潮流共进的作品。师承传统，就是继承和借鉴古代的吉祥图案，这些图案千百年来一直为民众所认可。而与时俱进，就是继承发展、推陈出新，运用新概念、新思想、新形象、新技法，体现不断发展的审美观念与流行意识。这种结合了珍贵玉种、高超工艺和人文内涵的作品方可成为有市场需求、有收藏价值、有艺术生命力的珍品，这也就是和田玉的价值会高出其他艺术门类收藏品的原因所在。

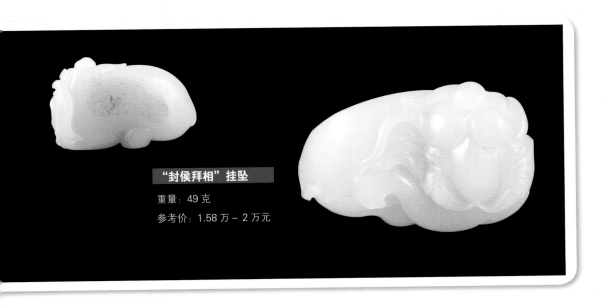

"封侯拜相"挂坠

重量：49克

参考价：1.58万 ~ 2万元

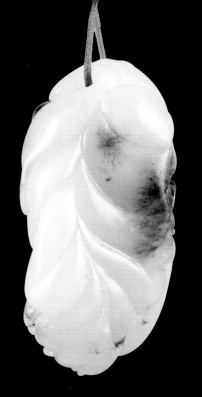

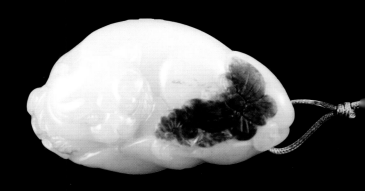

原皮俏色"猫蝶富贵"挂件

重量：30 克

参考价：9800 元 ~ 1.6 万元

原籽童子挂坠

重量：17.9 克

参考价：8800 元 ~ 1.5 万元

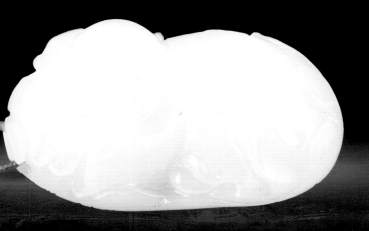

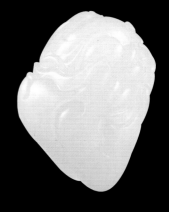

"连生贵子" 挂件

重量：27.6 克

参考价：1.38 万 ~ 1.5 万元

荷花牌

重量：10 克

参考价：2800 ~ 360

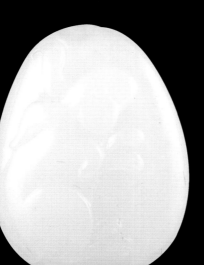

生肖兔挂坠

重量：9 克

参考价：9800 元 ~ 1.38 万元

购玉者选购玉器的目的各不相同，有的是为了投资，有的是用来珍藏，有的打算馈赠亲友，有的人买来给自己佩戴、摆放。根据不同的目的去选择具有不同寓意的玉是很有必要的。

龙佩

重量：22 克

参考价：1.3 万 ~ 1.8 万元

"福在眼前"挂坠

重量：5.9 克

参考价：1800 ~ 2800 元

辨别新玉和古玉

　　中国自古就是一个崇尚传统文化的国度，也有收藏古玉的传统。古玉承载着中华文明史，不仅有丰富的历史内涵，而且因为每个时代都有着其独特的烙印，古玉还具有很高的历史价值和人文价值，多少年来一直受到人们的喜爱和追捧。因好古、崇古，宋徽宗在位时不仅掀起了复古的风潮，更使仿古之风滥觞。

　　清乾隆帝比起宋徽宗有过之而无不及，将好古之风推向了高潮。经过数千年的文化沉淀，传世的和田玉器虽多，但数量毕竟有限，多数玉器已被众多的博物馆和古玉收藏者收藏了起来。

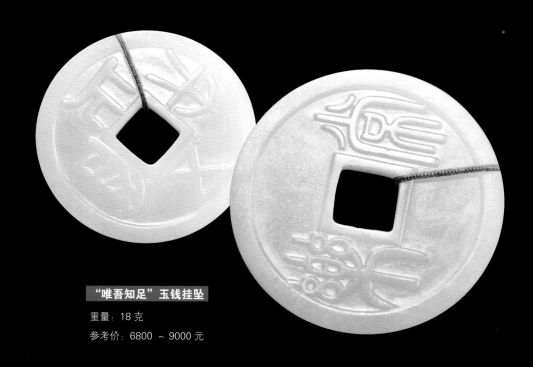

"唯吾知足"玉钱挂坠

重量：18 克

参考价：6800 ～ 9000 元

　　和田玉古器数量稀少，因和田玉原材料具有独特的稀有性，使得人们逐渐摒弃了厚古薄今的观念，将目光逐渐转到了新玉上。无论是古玉还是新玉，和田玉器独特的魅力都能令人为之倾倒，再加上大量现代琢玉工具和新的琢玉技艺不断涌现，以及当代琢玉大师的不懈努力，使得现代和田玉器的精美程度并不逊色于古代和田玉器。如今玉器店中的作品多为现代的玉石工艺品，仿古件不算多。不管是创新的作品还是仿古作品，只要其玉质佳，艺术品位高，寓意新颖便值得购买。收藏者要注意既不要陷入创新泥潭，也不要完全推崇仿古，要根据自己的喜好来进行选择。

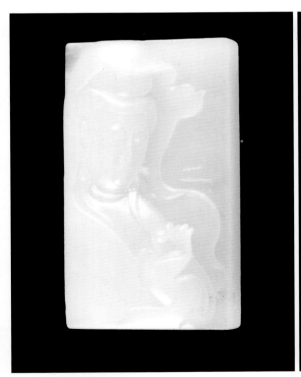

观音牌

重量：31.4 克

参考价：1.5 万 ~ 2.8 万元

观音牌

重量：26 克

参考价：1.5 万 ~ 2.8 万元

和田玉的保养

　　"三年人养玉，十年玉养人。"这是爱玉之人常说的一句话，这里的"养"字前者取"保养维护"之义，后者为"使身心得到滋补、滋养"之义。和田玉是有灵性的，收藏和赏玩和田玉的人都会精心"养护"自己的美玉。赏玩和田玉有许多禁忌，需要留心避免，以免伤了美玉。世界上的任何事物都有两面性，和田玉工艺品作为玉器收藏家的首选，虽然有着容易保存的优点，但在保存过程中也要注意几个问题。

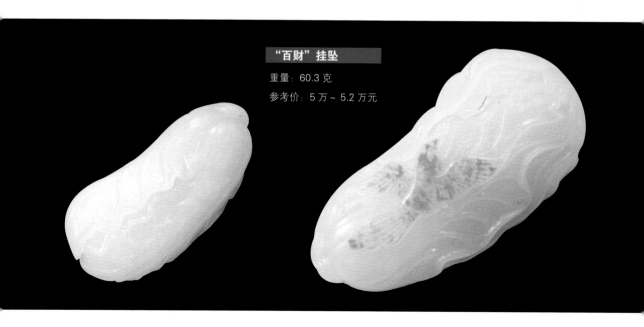

"百财"挂坠

重量：60.3 克

参考价：5 万 ~ 5.2 万元

1. 避免与硬物撞击。

和田玉玉石的硬度虽然很高，但收藏者仍需注意不要让其与硬物接触，以避免受到碰撞。玉石如果受到激烈的碰撞会破裂，有些裂纹很隐蔽，当时不一定能看得出，可是玉器已经有了暗伤。

还有些工艺品的细微之处受到撞击后容易损伤，这样不仅损害了玉石、玉器的完整性，也降低了它的经济价值。

2. 避开灰尘。

注意保持玉身的洁净光鲜，避开灰尘，使和田玉失去了应有的光彩。如果玉器上落了灰尘，应当用毛刷蘸上清水仔细刷掉，再用洁净的软布擦干，使和田玉工艺品显示出"冰清玉洁"的本质。注意清洁玉器时不可使用任何化学除垢剂、去污剂。

3. 尽量不要长期与香水等化学试剂接触。

玉器如果长期接触化学试剂容易受到腐蚀，会失去和田玉应有的光泽，玉身变得浑浊。此外，还有包括不少爱玉玩玉者在内的人误以为和田玉与人体接触得越多越好，这其实是不正确的。和田羊脂白玉和其他白玉若过多接触汗液，汗液中的盐分、脂肪酸、尿素等成分会慢慢改变洁白的玉表层，使玉件变为淡黄色，不再洁白如脂。因此，在佩戴白玉佩饰时应注意经常用柔软的白布将其擦拭干净。

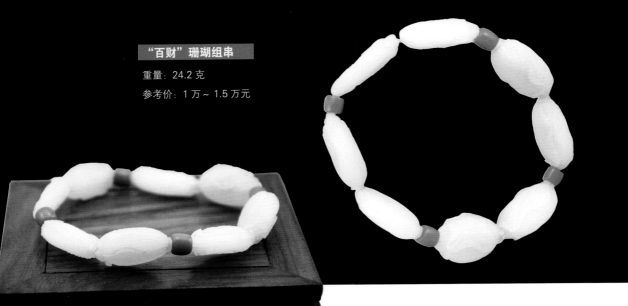

"百财"珊瑚组串

重量：24.2 克

参考价：1 万 ~ 1.5 万元

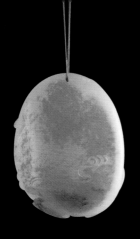

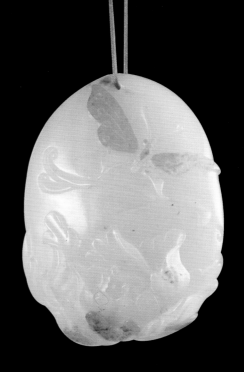

蝶恋花挂坠

重量：36 克

参考价：10 万 ~ 11 万元

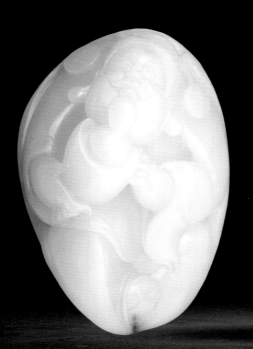

财神挂坠

重量：86.5 克

参考价：2.2 万 ~ 2.5 万元

在把玩、盘磨玉件时，不可用玉件抹拭面部汗渍，这是玉石玩家中常见而又应该避免的。

4. 避免长期暴晒。

和田玉工艺品应该妥当安放，不能长期在烈日下暴晒，也不能长期在炽热的灯光下烘烤。受热过度会使原有的致密的结构变得粗糙，隐蔽的缺陷便会暴露出来。

5. 保持空气温度适中。

若想让和田玉工艺品长期保持鲜活，要保证空气中的湿度适中，否则和田玉工艺品会因为失去水的滋润而变得干燥。

6. 避免与腥、臭、污秽物长期接触。

和田玉忌与腥、臭、污秽物长期接触，如不注意，油脂等物质会堵住玉石内部的空隙，使玉失去温润晶莹的本色，变得暗淡无光。此外，在和田玉的保养中还有"三忌""四畏"的说法。总之，不论是赏玉还是玩玉，都要平心静气，在玩赏美玉之时品味玉之内涵，达到"人养玉，玉养人"的境界。

蝶恋花贵妃手镯

重量：39.5 克

参考价：7 万 ~ 8 万元

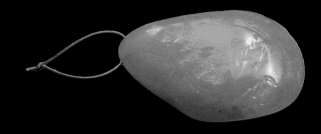

山水挂坠

重量：13.1 克

参考价：1 万 ~ 1.3 万元

仿古牌

重量：90.6 克

参考价：4.8 万 ~ 5.2 万元

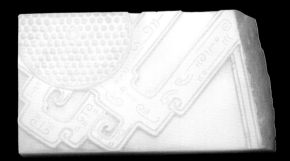

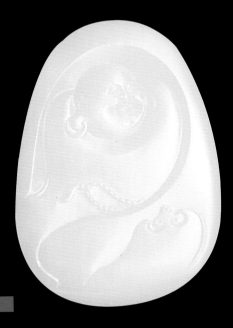

佛牌

重量：43 克

参考价：4.6 万 ~ 5 万元

和田玉的把玩

对和田玉挂件的把玩是收藏者最大的乐趣之一，但是把玩之中也有很多讲究，一旦方法不当，一块美玉就会毁在自己的手上，所以收藏家们在把玩时要格外小心谨慎。现代收藏家将对和田玉的把玩分为文盘、武盘、意盘三类。

1. 文盘

文盘即为将玉器放在一个小布袋中，贴身而藏，用人体较为恒定的温度养玉，一年以后再用手摩挲盘玩。文盘古玉耗时费力，往往要三五年才能看到效果，若是入土时间太长的玉，盘玩时间往往需要十来年、甚至数十年，清代历史上曾有父子两代盘一块玉器的佳话。南京博物馆藏有一件清代出土的玉器，玉身被盘玩得包浆锃亮，润泽无比，专家们估计这一件玉器已经被盘玩了一个甲子（60 年）以上。

2. 武盘

所谓武盘，就是通过人为的力量，不断地对玉器进行盘玩，以祈尽快达到玩熟的目的。商人较爱采用这种盘法。古玉器经过一年的佩戴以后，硬度逐渐恢复，再用旧白布（切忌有颜色的布）包裹，雇请专人日夜不断地摩擦，玉器摩擦升温，越擦越热，过了一段时期，再换上新白布继续摩擦。玉器摩擦受热的高温可以将玉器中的灰土快速逼出来，沉香色沁不断凝结，玉的颜色也会越来越鲜亮。但武盘如果操作不当，玉器就可能毁损。

3. 意盘

意盘是指将玉器持于手中，一边盘玩，一边想着玉的美德，不断地从玉的美德中吸取精华，养自身之气质，久而久之，便可以达到玉人合一的高尚境界。即便玉器得到了养护，盘玉人的精神也实现了升华。意盘与其说是人盘玉，不如说是玉盘人，历史上极少有人能够达到这样的精神境界，遑论浮躁的现代人了。

意盘对精神境界的要求太高，武盘需要人日夜不断地盘，耗费时间太长，现代人大多采取文盘与武盘结合的方法，既贴身佩戴，又时时拿在手中盘玩。不过新坑玉器不可立马盘玩，须贴身收藏一年后，等硬度恢复了方可。

4. 盘玉时的禁忌

盘玉的禁忌很多，忌跌、忌冷热无常、忌火烤、忌酸、忌油污、忌尘土、忌化学物质。如果是意盘，还忌贪婪、忌狡诈。使用各种化学药剂、以烟熏火烤的方式盘玉会使玉石受到很大伤害。

关公挂坠

重量：20.8 克

参考价：2.5 万 ~ 3.8 万元

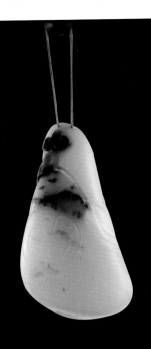

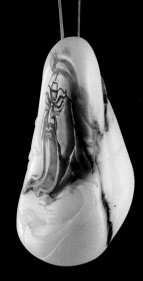

"富甲天下" 挂坠

重量：23.5 克

参考价：5 万 ~ 5.5 万元

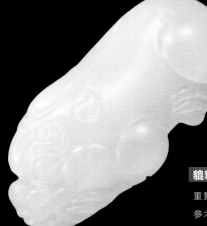

貔貅挂坠

重量：10 克

参考价：1 万 ~ 1.5 万元

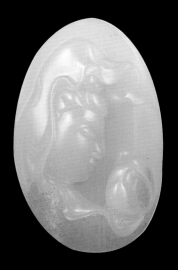

观音牌

重量：31.1 克

参考价：2000 ~ 3500 元

观音牌

重量：34.7 克

参考价：2.5 万 ~ 3.8 万元

黄沁佛

重量：5.7 克

参考价：1 万 ~ 1.5 万元

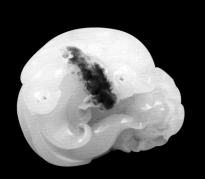

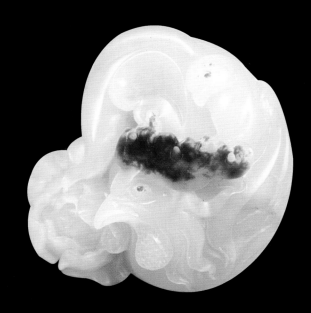

"官上加官"挂坠

重量：55.4 克

参考价：2.5 万 ~ 3.8 万元

"金玉满堂"手镯

重量：71 克

参考价：3 万 ~ 5.5 万元

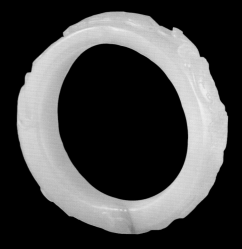

"合家欢"挂坠

重量：29.1 克

参考价：6.6 万 ~ 7.8 万元

荷花挂坠

重量：4.2 克

参考价：2500 ~ 4000 元

和田青白玉金蟾俏雕戒指

重量：5.4 克

参考价：2500 ~ 4000 元

黄沁灵芝挂坠

重量：4.8 克

参考价：3000 ～ 4000 元

龙凤虎把件

重量：157.6 克

参考价：2.38 万 ～ 2.5 万元

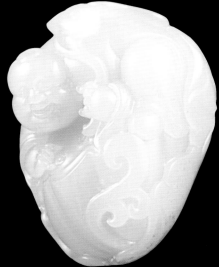

"连生贵子"挂坠

重量：61 克

参考价：1.8 万 ～ 2.5 万元

"耄耋富贵"挂坠

重量：28.6 克

参考价：3.5 万 ~ 3.8 万元

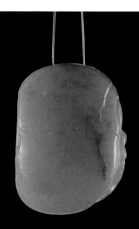

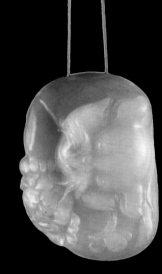

貔貅把件

重量：96.5 克

参考价：6.6 万 ~ 7.5 万元

"一叶知秋"挂坠

重量：97.7 克

参考价：13.6 万 ~ 15.2 万元

"一路连科"挂坠

重量：16.3 克

参考价：3.2 万 ~ 4.5 万元

和田玉在我国有着悠久的历史，是中华民族文化宝库中的珍贵遗产和艺术瑰宝，具有极其深厚的文化底蕴。早在春秋战国时期，孔子就赞美和田玉的高贵品质，提倡君子应当以玉比德。古有"古之君子必佩玉""君子无故，玉不去身"的说法。

随着人们的生活水平逐渐提高，精神生活也变得更加丰富，爱玉、赏玉、玩玉者众多，玉器市场呈现蓬勃发展之势。和田玉因其细腻莹润的质地、温润如脂的光泽和深厚的文化底蕴而备受广大收藏家的追捧。为了让广大喜爱和田玉的朋友能更加深入地了解玉的本质，获得更多的收藏鉴赏知识，在本书的编撰过程中，我们拜访了一些本行业的专业学者、资深藏家以及一些和田玉的经营者，得到了他们的大力支持。

在本书付梓之际，向保定市拙雅轩玉道会所的刘军成会长，资深收藏者周溯、严健军等众多好友表示衷心的感谢。拙雅轩的刘军成会长以风趣诙谐、幽默睿智的语言将一些关于和田玉的传说、基本常识、行业内的专业术语以及自己藏玉、赏玉、玩玉的心得毫无保留地讲解给我们，还将自己多年收藏的珍品以及会所里的高档玉器拿出供我们拍照。正是由于有了他们的鼎力相助，本书才得以出现在广大读者面前，在此深表感谢。

最后，借用刘军成会长经常说的一句话作为结束语："以良玉为谋，汇八方宾朋。"

收藏赏玩指南　和田玉

总 策 划

王丙杰　贾振明

责任编辑

张杰楠

排版制作

腾飞文化

编 委 会（排序不分先后）

林婧琪　邹岚阳　向文天

田昊然　夏弦月　默　梵

吕陌涵　潇诺尔　鲁小娴

责任校对

姜菡筱　宣　慧

版式设计

杨欣怡

图片提供

刘军成

保定拙雅轩玉道会所